戴更基教你有效解决狗狗的 100个行为问题（2）

戴更基 著

海峡出版发行集团
THE STRAITS PUBLISHING & DISTRIBUTING GROUP

福建科学技术出版社
FUJIAN SCIENCE & TECHNOLOGY PUBLISHING HOUSE

著作权合同登记号：图字 13-2016-001

中文简体版通过成都天鸢文化传播有限公司代理，经英属维尔京群岛商高宝国际有限公司台湾分公司授予福建科学技术出版社有限责任公司独家发行，非经书面同意，不得以任何形式，任意重制转载。本著作限于中国大陆地区发行。

图书在版编目（CIP）数据

戴更基教你有效解决狗狗的100个行为问题.2／戴更基著.—福州：福建科学技术出版社，2019.6

ISBN 978-7-5335-5789-8

Ⅰ.①戴…　Ⅱ.①戴…　Ⅲ.①犬－驯养　Ⅳ.①S829.2

中国版本图书馆CIP数据核字（2018）第300648号

书　　名　戴更基教你有效解决狗狗的100个行为问题（2）
著　　者　戴更基
出版发行　福建科学技术出版社
社　　址　福州市东水路76号（邮编350001）
网　　址　www.fjstp.com
经　　销　福建新华发行（集团）有限责任公司
印　　刷　福建省地质印刷厂
开　　本　700毫米×1000毫米　1／16
印　　张　11.75
图　　文　188码
版　　次　2019年6月第1版
印　　次　2019年6月第1次印刷
书　　号　ISBN 978-7-5335-5789-8
定　　价　48.00元

 〈作者序〉

改变，从自己做起

　　这两年在介绍狗狗的行为讲座中，我都会用生活中的例子来说明行为问题。其中一个就是小孩向妈妈乞求饼干的故事，简单来说，小孩哭闹乞求饼干，刚开始妈妈说不可以，但是小孩一直地哭闹哀求，甚至用肚子痛来引起妈妈更大更深入的关注。最后，妈妈先是和小孩规定了可以吃饼干的原则，只要小孩遵守，就给他饼干吃。这些都无济于事，最后妈妈只好给了小孩饼干。

　　这个故事传递的是一个人类的模式，一个看起来稀松平常的故事，却道出了很多的问题：在饼干乞求过程里，妈妈看到了什么？小孩子学到了什么？

　　妈妈的眼中，小孩哭闹令人很烦躁，但是当小孩哭闹着说肚子饿得会痛的时候，这个哭闹被合理化，同时妈妈的认同感、担忧，甚至自责都出现了，最后饼干给了，孩子乖了。对妈妈来说，一切都合理，问题也得到圆满解决。这也意味着下一次一样的状况再度发生时，妈妈会更快地运用这次的方法来解决问题。

　　而孩子学到了什么？

　　①妈妈的"不可以"不等于不可以。

　　②哭闹可以获得他想要的东西。

　　③持续地哭闹，改变了妈妈的行为。

　　回头看看狗狗的问题，不也是这样吗？

　　您对狗狗的制止并不等于说"不"时，狗狗就会发现它的闹腾可以获得它想要的结果，持续的闹腾改变了主人您的行为。

　　无论是吠叫、暴冲、乞食……都是一样的道理，只不过是您看得透还是看不透这一点而已。所以最快的训练狗狗的方法就是让它"Sit For Everything（坐下等待所有它想要的一切）"，这样就可以轻松地养出一只完美的狗狗了。

　　人的行为也是如此，在看待狗狗的行为问题之时，回头想想自己的行为，为什么您总是要处罚它？难道这是唯一的途径？还是因为您已经养成一种习惯、一种模式了呢？在您的成长过程中，您是不是也经历过饼干乞求的模式？您是不是老是要得到不属于您的东西？如果得不到，您是不是会想尽办法，甚至"闹"？而这些方法的产生，是"尝试错误学习"的结果。就如同在乞求饼干的过程里，学会了忽略别人对你的"不可以"，因为你知道闹下去可以获得你要的结果，持续地闹下去，还可以改变爱你的人的行为。因为这个没有被明朗化指出的事实，导致您现在的问题以及状况。

　　理解后，就需要放弃不正确的做法，如果您仍然运用这种方式获得您想要的东西，您就和我书中的狗狗一样需要"行为矫正"，因为这一切在您的学习中已经深深固化了。

　　要是人类自己的思维都无法改变，又如何去改变自己的宠物狗狗呢？

　　看看现在的社会，我们需要花多少时间来改变？想想乞求饼干的行为，想想固化思维的程度，您就会明白我为何会说"这是一百年才可能会改变的行为问题"。

　　改变从自己做起，现在不做，那就不只一百年了。

开始阅读本书之前

狗狗行为问与答

开 始 阅 读 本 书 之 前

狗狗的六种学习方式

人家说学问是没有捷径的，那么行为矫正有捷径吗？

有的，只是您找到了这个秘密之门没有？

在踏进秘密之门、步入捷径前，我们要先知道狗狗的六种学习模式。

1. 尝试错误的学习

狗狗的多数学习是通过不断地尝试、从错误中学习，但是不要以为您一直给它错误的结果会让它学到什么，而是应该让它在尝试后，通过结果来影响行为，行为会因为结果而改变。

在状况发生时，狗狗随意地产生一个行为，之后得到的结果若是一种正面的奖励，那么这个行为就会被增强。哪怕奖励不是每一次都有，只是间间断断的，这个行为还是会被增强的。

比如说半夜三更，您的狗狗因为听到外面有动静了，无论它是因为什么原因而吠叫，总之它叫了，这时候您被它的叫声吵醒。通常主人为了不让狗狗吵闹，会对狗狗吼叫或责骂，因此，狗狗在吠叫后得到的结果为"主人和它的短暂社交"，可能还包括"该动静消失了"。

每一次狗狗叫，都可以得到主人言语上的社交，因此狗狗的吠叫不但没有减少，反而非常戏剧化地变得很多！半夜疲惫的您怕狗狗吵到邻居，而让住在室外的狗狗，一吠叫时就进到屋里来。这时候，狗狗不但得到了"言语上的短暂社交"，还得到了"实质上的社交接触"。这个结果，只会大大增强狗狗吠叫的行为，而不会如您想象的因为责骂或是处理而让吠叫有所停止。狗狗通过这种学习模式，学会了让它满足却令您痛苦的结果。

2. 习惯学习

"习惯"就是让狗狗重复接触某个刺激，直到狗狗不再对这个刺激产生反应。在这样的学习中，狗狗得到的奖励就是一种"认知"，这种认知就是"什么都没有发生"。比如说我们常常谈到的枪猎犬，当它一直不断重复听到开枪的巨大声响，然而却什么都没有发生，逐渐地，它在认知上就会觉得枪声没有什么意义，因为听到枪声时，什么都没有发生。这就是习惯。

我们可运用这种学习模式来诊断过动以及多动症，也能用来治疗一些听到铃声就去攻击电话的狗狗。

3. 印记学习

这是由 1973 年诺贝尔奖得主、奥地利动物行为学家康拉德·洛伦兹（Konrad Lorenz）最先发现的一种学习模式。这种学习通常发生于非常敏感的时期，即在狗狗 4~5 周龄时。这种印记的学习，会让狗狗知道自己的妈妈是谁、未来要跟哪一种动物交配，以及它的社交伙伴是谁。

所以，在狗狗还未进入这种敏感时期时，就把它从妈妈以及同伴身边带走，让它的印记学习来自于人类，未来它的确会以为自己是人而不是狗，这时候如果您把这只狗狗放在其他的狗狗群中，它没有社交技巧，也不会使用狗狗打招呼的方式和别的狗狗相处，它会觉得自己就像被外星人包围了一般，而对其他的狗狗出现"攻击行为"。

狗狗：Pocky（百奇）｜主人：一五

如果我们让狗狗和同伴以及母亲待在一起直到8周龄，让它的印记学习是和同伴一起，它会学会狗狗的社交技巧，然后从8周龄直到12周龄为止，让它跟着人类生活，它也会印记学习人类的模式。这种学习的结果常常是不可逆的，也许有些时候可以通过非常复杂的训练来逆转，但是难度会非常高。

理解了这种学习之后，您就可以知道，如果一只狗狗的妈妈对人类非常不友善，它的小孩也会因为印记学习，对人类永远存在戒心甚至是攻击。因为印记学习的目的，就是给予它们最佳的存活机会、对食物的获取之道，以及情感上的安全。印记的每个行为的奖励，都是源自于先天内在的需求。

4. 洞察学习

这种学习可以用"思考"来替代。这种学习很难被证实它的存在，但是在狗狗的学习之中，它真的可能存在。相信很多人都看过，猩猩为了吃到吊在空中的香蕉，会把箱子堆叠起来，然后再站上去拿到香蕉；如果没有箱子的时候，它会使用棍子把香蕉勾下来。这种通过观察及思考的学习方式，就称为洞察学习。狗狗也有类似的几个例子，比如说我们使用栅门将狗狗限制在一个屋子里，有的狗狗会推进箱子，使其靠近栅门，然后爬上箱子跳过栅门到房间外面。

洞察学习的奖励，是来自于"达成目标"。

5. 潜在学习

所谓的潜在学习，是指看不到的学习，或是之后才看到结果的学习；也有人说是学习成果延迟出现的学习。这也意味着奖励并不是明显的。

幼犬在生长到 16 周龄之前，若常常被拥抱、抚摸，它的大脑前庭神经元层、中枢神经系统中的 GABA（γ-氨基丁酸）、谷氨酰胺、苏氨酸、丙氨酸、酯酶等的含量，和没有被抚摸的小狗相比会有很大的差别。

常常被抚摸的狗狗，肾上腺比较大，有较好的肢体协调能力、较多的探索行为，对人类有比较多的社交行为，对于问题的解决能力也比较强，有较高的社会支配能力，较少的情感过度启动，较少随意地活动，通过脑波也发现它成熟得比较快。

什么时候会有潜在的学习？就是当狗狗储存了大量的资讯以后，在某一天需要的时候突然可以呈现使用，这种形态的学习就称为潜在学习。睡眠在这种学习中，有很大的力量。我们运用潜在学习有几个原则：

①训练时，一次只教一种行为。

②训练时，最多让它做 5 次尝试。

③当狗狗完全理解之后，才可以逐渐增加一小部分新的东西。

6. 观察学习

这是属于第六种的操作学习，狗狗可以通过观察别的狗狗如何成功解决问题，然后模仿它的行为，一样成功地解决问题，这比起它自己通过尝试错误的学习还要快很多。举例来说，小狗看着妈妈协助人类缉毒，长大后一样训练它去缉毒，成果比没观察过的小狗要好很多。但是，狗狗可不可以只通过观察而自己学习？答案是否定的！

观察学习必须包含四个重要的部分：

第一是注意力，它必须很专注地观察另外一只狗如何做。

第二是储存保留，它将自己观察得到的资讯整合储存保留。

第三是动机，当狗狗被移到别的地方时，可以重新执行之前观察到的行为的动机。

最后就是产生行为，或是类似合理的行为。

*

好了，我们可以开始进入主题。

前面讲的六个学习，其实都归属于"操作条件反射"，也就是狗狗运用自己的行为去改变结果。除了需要知道这个以外，最好也能了解"经典条件反射"，也有人称之为古典制约。

经典条件反射

这是由俄罗斯科学家伊万·巴甫洛夫所提出来的，就是指一个没有条件反射的刺激（UCS）产生一个没有条件反射的反应（UCR）。举例来说，食物是 UCS（没有条件反射的刺激），狗狗因为饥饿，看到食物或闻到食物气味而流下口水，流口水的动作就是 UCR（没有条件反射的反应）。这个过程不需要训练，您也都可以预测到：
UCS → UCR。

现在，我们让一个中性的刺激物（NS）和 UCS 同时出现，或是放在 UCS 之前（几乎同时的之前）。单独的 NS，狗狗是没有反应的，但是 NS + UCS → UCR，因为 UCS → UCR。但是时间久了以后，单单只有 NS 就会产生 UCR，成为 NS → UCR。这个 NS 也就被条件反射了，所以它被称为条件反射过的刺激（CS），而这时候的 UCR 因为不是 UCS 所产生的，而是 CS 所产生的，所以我们称之为条件反射的结果（CR），也就是 CS → CR。

这对于不是学心理学或是行为学的人来说有点复杂，没关系，先把上面讲的忘掉，我们换个方式。原本饥饿的狗狗看到香肠会流口水，听到铃铛声并不会流口水，但如果每次摇一下铃铛就立即把香肠给狗狗看，或是在摇铃铛的同时就给狗狗香肠，狗狗会因为香肠而流口水。久而久之，只要您一摇铃铛，即使没有香肠，狗狗一样会流口水。这就是经典条件反射。

现在我们把那些烦人的东西加进来：

饥饿的狗狗看到香肠（UCS）会流口水（UCR），狗狗听到铃铛声（NS）并不会流口水，如果每次摇一下铃铛（NS）就立即（＋）把香肠（UCS）给狗狗看，或是在摇铃铛的同时就给狗狗香肠，狗狗会因为香肠而流口水（UCR）。久而久之，只要您一摇铃铛（CS），即使没有香肠，狗狗一样会流口水（CR）。这就是经典条件反射。

狗狗：陈布丁
主人：陈晏

在 NS 和 UCS 之间的时间差越小，所产生的学习会更快速！

这样是否明白了呢？其实您不需要深究这些，也不需要牢牢地背起来，您只要理解这是什么意义就好了。我们接下来转换一下，这种经典条件反射在狗狗的生活里不胜枚举。

电铃声、开罐器开启罐头的声音、雷声、鞭炮声等，对这些声音恐惧，因为不断的 UCS + NS 的配对，使得问题越来越严重。训练时的用字，如"坐"，也是个 NS，但是伴随着食物引导狗狗坐下来，慢慢地，"坐"就变成了 CS。您也可以运用这种方式来训练狗狗帮您拿东西，而且它们具有从三个东西里面分辨出您要哪一个的能力，大约可以达到 90% 的准确率。这种对文字快速粗略了解的能力，我们称之为"快速制图"，狗狗可以在 1 个月内快速分辨不同小说的书名。这就是经典条件反射的魅力！

接下来提出的所有行为问题，我们在临床上都成功处理了不计其数的案例，如果您做了却失败，有几个原因。

狗狗：Zico（济科）
主人：方关珽

第一，时间点抓得不对或是不精准。

第二，您的理解不够清楚。

第三，操作方式不当或是错误。

每个案例，经过合格认证的训练师都可以帮您用一样的方法快速解决。如果您自己解决不了，并不是提供给您的方法有问题，请您理解：您的思维再怎么改变，您还是人，无法完全变成狗的思维。即使您了解做法了，操作起来还是有很多地方会犯错，就算您认为只是小小的错误，但是您的狗会产生这些问题，也都是小小错误累积出来的行为问题。这些错误会导致狗狗无法理解，因此给您的方法再好，也难以见到成效！若是遇到这样的情形，建议您去上课，寻求专业训练师的协助。

除此之外，还有在行为处理中一定会运用到的"正加强""负加强""正处罚"以及"负处罚"。

正加强：给予一个狗狗喜欢的东西，让行为更常发生。

负加强：移除一个狗狗讨厌的东西，让行为更常发生。

正处罚：加上一个狗狗讨厌的东西，让行为减少。

负处罚：移除一个狗狗喜欢的东西，让行为减少。

在这里，"正"的意思不是"好的"，而是"加上去"。而"负"的意思也不是"不好的"，而是"移除"。

加强会让行为增加，而处罚会让行为减少。

我们可以简单地举几个例子，比如说：

正加强：当狗狗坐下的时候我们就立即给它零食，狗狗为了吃您手中的食物，于是更常坐下。这就是正加强，加上"零食"让"坐下"更常发生。

负加强：如果没有系上安全带，安全带警示音就会一直响，为了不要听那讨厌的声音，于是系上了安全带。这就是负加强，移除了令人讨厌的"警示音"，让"系安全带"的行为更常发生。

正处罚：当您超速的时候，警察给您一张罚单，以后您就不太敢超速。这就是正处罚，加上一个您讨厌的"罚单"，让您"超速"的行为减少。

负处罚：狗狗想要您抱抱，所以扑向您，当它一扑向您，您就转身不理会它，这就是负处罚，移除了狗狗喜欢的"主人的关注"，让它"扑人"的行为减少。

这四种理论中，能快速有效改变行为而没有不良影响的，就只有"正加强"，所以我们尽可能都要以正加强的方式来和狗狗互动。

实际上，真正可以改变行为的，也是"正加强"，其次才是"负处罚""负加强"，最后才是"正处罚"。

多数的人都喜欢使用正处罚，实质上效果非常差，因为处罚只可以处罚行为而不可以处罚狗，可是有谁可以做到只处罚行为而不处罚狗呢？以上面举的例子来说，超速开罚单，目的是为了让您不要超速，这种正处罚的结果是：在测速照相机前踩刹车，过了以后继续超速。

正加强的效果和魔力，只要您亲自照着去做，就可以感受到了。至于一些不当行为的产生，都是因为您不明了该如何运用正加强，而错误地导致了现在的状况，等到行为问题产生了以后，我们就会运用负处罚配合正加强。基本上，负加强很少使用，而正处罚基本上是不会使用的。

⏰ 时间点

处理行为的时候，可运用"正加强"（奖励），也能运用"负加强"，但是什么时候用呢？比如说处理吠叫行为，什么时候给予正加强？什么时候给予负加强？会不会原本要处理吠叫，结果狗狗却越教越爱叫呢？

理论的东西可深可浅，理解清楚的人就觉得很浅，搞不清状况的训练师就会觉得"很深"。

任何行为的发生都有这样的一个模式，比如说攻击行为，在一开始没有任何反应之前，我称之为"休止期"；当狗狗看到或听到，或是被暗示后，它开始准备要攻击，这段时间称为"前驱期"，也就

是攻击前的酝酿时期，有的狗这段时间很长，有的很短；然后就是开始攻击，也就是"爆发期"；当狗狗结束攻击之后会进入"爆发后期"，这个时期要经过两分钟以上，才会进入"休止期"。

这里有几个简单的重点：

第一，怎么判定"前驱期"？

第二，怎么判定"爆发后期"？

首先，动物从无感状态到有感，您可以看到狗狗瞳孔开始放大，耳朵竖立前倾，嘴巴不是开开的而是略微张开，前肢可能会有一只脚稍稍地离开地面；如果是站着，躯干方正、开始僵硬，毛发或许会开始竖立。有时候这些变化非常快，您来不及观察到它就进入爆发期了。如果狗狗是趴着或是坐着，可能也会开始抬起头、观望……

这个时期非常重要，因为我们要处理很多行为问题，并不是在爆发期处理，而是在前驱期就要处理。在爆发期处理往往是很难见效的。

其次，当狗狗完成攻击以后，如何判断狗狗进入了爆发后期？很简单，当它安定下来，趴下、坐下，或是开始整理自己的毛发、舔脚、喝水、吃东西等时，就代表它进入了爆发后期。而最重要的是，进入爆发后期以后，一定要经过两分钟以上才会进入休止期。也只有在休止期，狗狗的状态才跟刚才的事件无关。这点非常重要，比如说，狗狗在吠叫的时候，它可能会叫几声停一会儿，然后继续叫。如果在它停止的时候，您出现了，奖励它零食或是关注它，甚至骂它，狗狗学习到的不但不是不要吠叫，反而是"很好，你叫得好，以后要继续叫"。

所以说，了解每一个行为的"动机"以及狗狗的"学习"是非常重要的。因为只有在您确切了解以后，您才会知道如何解决问题，或是知道为什么我会要您这样做了。

好了，现在让我们继续回答问题吧！

狗狗行为问与答

1 除了结扎，还有什么方法能解决公狗到处抬腿尿尿的问题？

状况详述： 家中有 4 只长毛腊肠，其中 2 只年轻长毛腊肠现在满 2 岁了，快 1 岁时它们就已开始抬腿尿尿。即使事前先把它们放到车库去，让它们在固定地点上厕所，室内也训练它们在卫生间里面上，这两只都有乖乖上，但把它们放室内时还是会在沙发角落撒尿；而且，只要是新放置的东西，它们都会去撒尿，让家人和我不堪其扰，所以都试着尽量把物品放在高处。曾猜想也许是因为没有结扎，但除了结扎，还有什么方式能解决公狗到处抬腿尿尿的问题？

狗狗的行为发展是从出生以后一直发展到两岁，如果您看它小时候很乖，长大开始变了，那不是它变了，而是本来就会这样发展。所以我常规劝主人在狗狗小时候就要注意，但多数主人都不以为意，因为狗狗当时都是好好的。可是，有哪一个小孩是一出生就有行为问题呢？

如果您不知道如何正确地和狗狗进行互动，纯粹只用您自己的方式，狗狗就可能从 1 岁多行为开始产生变化。这个案例更容易让大家理解，因为这里牵涉到了雄性激素。大约到了 18 月龄的时候，狗狗的行为逐渐开始成熟，到了 24 个月，也就是两岁的时候就完全成熟了，而行为的成熟和激素、生理的发展还有生活经历都有相当的关系。

公狗的雄性激素在未来的交配、繁衍后代上扮演着很重要的角色，所以它们需要通过尿液中的气味（这气味除了尿液的味道，还会有前列腺的味道……），让其他的动物知道自己的存在，这是一个交配能力的竞争，拥有比较优势的能力，比较容易争取到交配的机会。即使在您的家中、在人类的社会之中，因为我们的限制让它们没有办法交配，但是这种身体里面潜在的自然力量，并不会消失，而且会随着身体的发展以及激素的发展、性的成熟，而逐渐影响狗狗。

这也就是小时候看不出来的行为状态，到了1岁多逐渐改变，大约1.5岁开始会有明显的雄性行为出现，而到了2岁达到极致。

如果您还是任由它发展，那么就不单单是激素的问题了。从2岁开始到了3岁，它的行为就会逐渐由受激素的影响而作，转变为"习惯"。一旦成为习惯，即便您把它节育了，它仍然会有一样的习惯行为。

至于这两只狗狗的问题，快1岁时开始抬脚尿尿，这已经算晚的了，有很多公狗不到6个月就会抬脚尿尿了。

它们会比较晚，除了激素的问题以外，还有可能是生活的环境没有太多的刺激，所以比较慢开始抬脚。但是一旦它们开始抬脚尿尿，就意味着划分地盘的行为已经开始了，所以即使您让它们先去尿尿，它们仍然会在膀胱里保留一些尿液，留着需要做记号的时候使用。

而这两只狗狗的生活环境总共有4只狗狗，主人没有提及几公几母，以及另外两只的年龄、性别、品种，所以解答问题并不会精准，但是起码知道这两只公狗会互相竞争，既然是竞争，那么做记号就是一定会出现的结果。另外两只狗只要有一只是母狗，这种竞争会更剧烈，只不过对于主人来说，是不太容易看到的潜在竞争。

应对秘诀

如果想要解决问题，首先，还是必须节育，将公狗的睾丸摘除。除了这个方法，别无他法。

如果您还继续犹豫，即使一年之后节育了，公狗一样会抬脚尿尿，而且次数不见得会减少。现在节育，还有机会让抬脚的次数从一天

20次左右降到5次上下。但是3岁以后，年纪越长，节育的效果越差，一天20次能降到10次就很了不起了。所以，别犹豫，立马去节育吧！

　　至于节育后，如果狗狗仍然有在室内抬脚尿尿的行为，您可以先扩大它的生活范围，同时运用PME（心智体能训练）来耗掉它所有的精力。在家中只要两只狗之间出现竞争行为时，请您立即离开它们俩的视线范围，不要介入、不要制止。这样就可以了！

补充说明：

　　什么是PME（Physical & Mental Exercise）心智体能训练课程？

　　这是我在2014年利用狗狗的本能发展所设计出的游戏训练，可以帮助狗狗进行更多有氧的活动，也可以锻炼狗狗的心智以及体能的协调。运用了几个简单的技巧发展出这种好玩的游戏，让狗狗学会在合适的时间运用视觉、嗅觉以及听觉，配合身体的运动协调，达到最大的心智及体能上的满足，同时也可以降低社交挫折或是生活压力，简称为PME课程。严格来说这是搜救的初级练习。

　　为什么需要PME心智体能训练课程？因为现代的居家生活导致了很多狗狗的行为问题，比如说无聊的吠叫行为、寻求主人注意力的破坏家具行为、心理性脱毛或是心理性舔手问题、人狗关系不够紧密等，有

很多都是药物无法解决的，而您真正需要的就是开发它的脑部活动！

狗狗不是只需要肢体运动，它也需要脑部的运动，半小时的 PME 比起 3 小时的运动，狗狗会更费体力及脑力，不但可以耗损它过剩的体力，还可以让它的心理更健康，同时还能降低社交挫折或是生活中的压力。

最重要的是，不但狗狗会喜欢，连主人也会爱上 PME。

2 家里的狗狗曾是流浪狗，因此散步时喜欢乱吃地上的东西，要怎么处理呢？

状况详述： 我们家的柴犬曾是流浪狗，因此散步时喜欢乱吃地上的东西，要怎么处理呢？曾试过撒零食给它，但是零食一吃完，它还是继续闻闻找找继续乱吃，真的很怕它吃到不该吃的！

无论是流浪的狗狗，还是家犬，我们都不希望它们捡拾地上的东西，毕竟现在的社会，地上的东西已经不是干不干净的问题，而是有没有毒性的问题。

在狗狗第一次看到地上的东西时，没有人管而且东西好吃（起码狗狗觉得好吃），一旦养成了这样的捡食习惯，对于一只爱吃的狗狗来说，在马路上看到食物就好比您在马路上看到一叠千元大钞一样，您会捡，狗狗也会。

这是一个模式，如果您每天外出散步 30 分钟，一天两次，大概每一两次散步，只要仔细找就会捡到钱，那么在您未来的一生之中，您只要外出散步，就会盯着地上，看看有没有钱。这种模式一旦形成，就会一直持续，即使您连续一个月没有捡到钱，您还是偶尔会注意看看，想着"今天会不会有？"

狗狗也是一样的，所以行为问题最好的处理不是在解决，而是在"预防"。

应对秘诀

对于捡食的训练，我曾经在网上发表过一个简单的训练方法。有效吗？超级有效。问题在于，您在选择这个训练的时候，有没有先判断狗狗的问题，先思考这种训练的运用时机。如果没有，再好的训

练方法，被您滥用之后就一点也不管用了。

先说说这种训练方式吧，但是在开始之前，您一定要阅读清楚了，再决定要不要使用这种方法，因为这个案例中，我使用的并不是现在要讲的方法。

首先，您的狗狗必须是超级爱吃的；先决定一个口令，比如说"吐"，或是"呸"，您可以选择好玩好笑的口令，但是要非常简洁，不要冗长。然后找一个狗狗十分喜爱的零食，把零食切得小小的——这个零食的等级要非常高，高到狗狗可以为它而死的程度。除了训练的时候，永远都不要使用这个零食。

第一阶段：在狗狗面前喊"呸"，然后在 0.5 秒内，把切好的零食一把撒在地上，一天做一两次就好了。反复这样的训练一两周，直到您发现狗狗听到"呸"的时候，会疯狂地在地上找它的零食。

第二阶段：给它玩具玩耍，玩到一半的时候，突然喊"呸"，并同样在 0.5 秒之内将零食一把撒在地上，它会扔下玩具，抢食地上的零食。记住，当它吃完以后，一定要继续让它玩玩具，不可以把玩具收走，同时要鼓励它继续玩。这样的训练一天两次，同样的操作一两周，直到狗狗完完全全不假思索地把玩具扔下来找地上的东西。

第三阶段：给它等级最低的食物，比如说狗粮，或是它喜欢吃但欲望不高的零食，不要给它太小块的，因为一口就吞下去了，最好给它大一点的。这个训练一切都要先准备就绪，把等级高的零食先准备好，然后把等级低的、体积大的零食给它，在它正在啃咬的那一瞬间，喊"呸"，然后把等级高的零食一把撒在它面前。有些狗狗会犹豫，但是多数都会直接把嘴里的扔下，把地上等级高的吃掉。在它吃完地上的以后，把原本它扔下来的等级低的零食再度让它吃（不要收走），然后突然再喊一次"呸"，反复刚才的操作。不要让它觉得吃了地上的，就会失去刚才嘴里的。

同样的，一天练习两次，连续练习1周左右。（等级高的和等级低的零食最终都会让它吃完）

第四阶段：在家里的地面上放玩具以及一些食物，用牵绳带着狗狗游走，记住，绳子不可以拉紧，当它冲往其中的一个食物或是玩具的时候，喊"呸"，同时撒下一把它最爱的零食，并把地上的东西收掉，当它吃完以后，记得把刚才它想要的东西（玩具或是食物）给它。一天练习两次，连续1周，就完成训练了。

当完成训练后，以后一不留意，狗狗又捡了地上的东西时，您立即喊"呸"，它会不假思索地把嘴里的东西呸出来，然后在地上找它以为的"高等级零食"。但问题来了，因为您不是随时都准备高等级零食，所以这时候您要做的有两件事：第一，马上冲到狗狗身边，抚摸它、称赞它，越开心越夸张越好。第二，回到家中，反复第一阶段的训练20次，来弥补它那一次没有找到零食的失落。以后，都用这样的方式来处理"不慎"的捡食。

对于这只流浪过的柴犬，好不好运用这种训练呢？我认为不好。您真正需要的是练习"松绳随行"，也就是教狗狗自愿且开心地在您的脚旁边随行。另外，更快的方法，就是行为处理，出门散步时帮它戴上口罩，这样它什么也吃不到。

　　如果您还是希望狗狗压根儿都不想看地上，那就需要通过训练，这需要设计训练计划。

　　您可以在墙壁上钉一个钉子，把狗狗栓在那里，记住，绳子的长度只足够让狗狗自在地站着、坐着，但是无法吃到地上的东西。接着给它一根很重的骨头，您可以在骨头里面塞水泥或是铅块，使得狗狗咬不动，或是它想要用脚帮忙时，骨头会掉到地上，任凭它怎么努力，那根骨头就像和它永别了一般，怎么都拿不到。

　　您可以过去捡起来给它，但一定会再度掉下来，然后重复一样的行为，拿也拿不到，您就只需要在那里等待，等它抬起头来看您，请您帮忙捡，这时候您再开心地笑着称赞它好乖好棒，然后去帮它捡。数次之后也许狗狗会感到受挫，所以您要观察它的反应，在还没出现挫折感之前，在把骨头给它的时候不要立即松手，扶着骨头让它啃个几秒，然后才给它，逐渐拉长帮它扶着骨头的时间。对狗狗来说，只有您的协助，它才吃得到骨头。

　　这个训练完成以后，您可以在家里的地上，定点放一些要给它吃的零食，但要在您口袋里再放一些等级更高的零食，用牵绳牵着它，记住您的手要像墙上的钉子一样，不可以移动，把绳子控制在刚好它低头吃不到的长度，牵着它游走，当它想吃而吃不到，放弃了，看着您的时候，再把您口袋里的零食给它。有时候帮它把地上的零食捡起来给它，千万不要让它抢到地上的东西，因为一旦抢到了，您等于是在训练狗狗要加快速度抢食，否则就永远也拿不到了，到时候问题就会更难解决。所以先确认您自己有办法不发生这些错误，否则还是直接寻求专业训练师的协助比较合适。

　　这样训练的目的，是让狗狗的思维产生改变："地上的东西不属于我！我想要好吃的，就要主人来帮忙。"再搭配"松绳随行"的训练，就可以真正地解决捡食地上食物的行为了。由我操作示范的话，前后的训练只需要大约 5 分钟，但是如果您做错了再来修正，就不是几分钟的事了。

　　嫌麻烦吗？别训练了，帮狗狗戴上口罩吧！

3 每次有狗狗不喜欢的人靠近，它就会非常生气，即使我试着转移它的注意力，还是没有改善，该怎么办？

状况详述： *每次一有狗狗不喜欢的人靠近它，它就会非常生气地对着自己的尾巴低吼转圈和咬。我有试着转移它的注意力，让它不再继续，但都还是没有改善，该怎么办才好呢？*

在这个案例中，我们需要先弄清楚几件事情：第一，"它不喜欢的人"；第二，"对自己的尾巴低吼转圈和咬"；第三，主人"试着转移它的注意力"。

（1）它不喜欢的人

问题发生了，必定有原因，如果没有它不喜欢的人，就不会有接下来的行为，所以，如何让它不喜欢的人变成它喜欢的人？其次，您是如何定义或是得知狗狗不喜欢那个人呢？会不会并不是狗狗不喜欢，而是您担心那个人的出现？这些的可能性都很高，请注意，当您想要解决狗狗行为问题的时候，心胸就要放得很宽广。如果还是按照您的思维进行，恐怕就不需要别人的意见了，因为您的潜意识已经决定一切了。

我们分段来看看，您如何得知它"不喜欢"那个人？不要有预期心理，当它在某些状态中，比如说休息、警戒过程……这时候出现了一位陌生人，狗狗开始打算反应，但是不一定会反应，即使反应了，也不代表下一次也会有一样的反应。未来它会怎么做，就在于它反应时得到了什么样的结果。

行为的结果若是好的，该行为就会再重复。如果它正巧出现很细微的反应，可能只是对着陌生人轻轻地吠叫了一声，这时候您用人的思维去想，可能会抚摸狗狗跟它说没关系，这不是什么大事，结果

狗狗：萌萌
主人：陈可妮

这让它的反应产生的结果为：您的轻声细语，或是抚摸，或是眼神的交汇。而这些对狗狗来说都是好的，即便是您的责骂，也给了狗狗最大的关注，虽然狗狗不喜欢被您责骂，但它还是得到了您的关注，所以这些获得的结果都是好的，而好的结果就会加强了原本的行为，甚至鼓励了该行为不断地重复。

　　所以，原本的陌生人出现纯粹只是一个事件，却也因为您的抚摸、责骂或是对话，导致事件转变成问题。随着日子一天天地过，事件一次次地重演，最后的结果就是，狗狗呈现的反应越来越频繁，也越来越剧烈。而主人您开始变得提心吊胆，生怕任何陌生人出现，并且您的提心吊胆也会让狗狗发现那些陌生人"真的很有问题"。

　　有很多狗狗非常机灵，它不断地观察，会在其中找出定律，原本可能只是从陌生人的穿着打扮、出现的方式或是方位，区分出哪一个需要反应。您可能不知道，有些人出现时，您急着打招呼或是处理事务，而导致忽略了狗狗。狗狗会误会很多事，搞不好它就会认为，只要出现这种状况，您就不会理会狗狗，所以它就出现了对不同的人产生不同的反应，而您可能因此认定有些人它喜欢，有些人它不喜欢。所以，是喜欢还是不喜欢，有时候并不是如您所想象的。

　　即便它真的不喜欢，那也应该出现"驱离对方"的行为，而不是"非常生气地对着自己的尾巴低吼转圈和咬"。

（2）对自己的尾巴低吼转圈和咬

单纯出现这样的行为时，通常代表着"无聊""和焦虑相关的刻板行为""强迫症"，以及"学习行为"。一旦这类行为和陌生人的出现产生相关性的时候，真的需要观察狗狗的反应和肢体动作，它是害怕还是无惧的？害怕的狗狗，经过长期的磨炼也有可能学会隐藏害怕的表情和肢体，而呈现无惧的态度。如果真的是害怕，这样的行为就可能是"和焦虑相关的刻板行为"或是"强迫症"了。"无聊"的行为并不会因为特定人士的出现而发生，反而应该在有人出现的时候消失。最后一种可能的行为称为"学习行为"，这是和主人的态度加强有关，明明是您不希望它做的事情，偏偏因为您的关注，导致了它的误解，误以为那是可以引起您注意的方法，逐渐就形成了"学习而来的行为"，也就是它并没有刻意，而是潜意识中不知不觉地为了引起您的注意，而产生了这种"对自己的尾巴低吼转圈和咬"的行为。

（3）主人试着转移它的注意力

怎样才叫转移注意力？有太多的主人为了让狗狗停止行为，就去叫狗狗的名字，让它把注意力拉回主人身上。但是错了，这不但不是拉回注意，反而是"加强行为"！因为每次它正在执行"该行为"的时候，您都会喊它，这不就是称赞了它的行为吗？这不叫转移，而

是"加强"。正确的转移，应该是您看也不看它，也不要叫它，纯粹做您自己的事，您可以故意敲敲打打，或是拿起塑料袋摩擦它，让您的狗狗忽然发现不知道您在做什么事。为了了解您的举动，它一定要停止行为，然后走到您的身边，或是起码要停止行为看着您。这时候您只需要让它执行几个教过的动作，比如说"来"，等它来到面前，再让它"坐下"，然后再让它"趴下"或是"握手"，经过三个动作之后，奖励它、称赞它。它是因为这些动作得到了奖励，而不是因为停止行为而得到奖励，让两个事件是无关的，这就是转移。

应对秘诀

　　首先先区别出它是哪一种问题。如果可能是"和焦虑相关的刻板行为"或是"强迫症"，您必须带它就医检查确诊，如果真的是，就需要配合药物治疗，而不是单纯的行为矫正可以解决。

　　如果是"学习行为"，请利用"弃养"模式来进行，每当它即将要"对自己的尾巴低吼转圈和咬"时，在那之前，也就是"时间点"（参见第11页）提到的"前驱时期"，您立即转身离开，把它自己留在原地，直到它放弃了两分钟以后，您再回来。

　　反复操作几次，当它看到所谓"讨厌的人"而没有反应的时候，请立即夸张地笑着称赞它。这样的操作完成以后，您还需要找更多它讨厌的人来帮您，最好要觅得 6~12 个不同的人来协助训练，等全部训练都完成了，狗狗就不会在那些人出现的时候"对自己的尾巴低吼转圈和咬"了。

当然，如果您坚称是因为"它真的讨厌那个人才会这样"，好吧，我很不情愿地当作是如此，所以，只要它不讨厌那人就不会出现该行为。解决的方法更简单，从现在起您不再喂狗狗吃东西了，水无限制供应，把每天的食物放在家门口，让那些它会讨厌的人来您家拜访时，抓起一大把食物，开门、撒向狗狗。这样的方式，会让狗狗爱上那些它讨厌的人。做不到也没关系，准备一根真的骨头，里面塞满芝士片，拿去微波炉加热。每当"它讨厌"的人出现时，就把骨头拿给它啃咬，只要那人一离开，就立马把骨头收起来。一天反复 10 次，几天就解决了。（骨头的种类需要挑选，不可以太细小，也不可以太容易被狗狗吞食，长度要超过它的脸部宽度两倍左右）

4 为什么狗狗会一直用前脚拨人的手去啃?

解决问题往往要从了解问题如何产生开始。

正常来说,无人饲养的狗狗并不会用它的前脚去拨人的手,更不会去啃咬。为何当您饲养后它就开始出现这些不应该出现的行为?如同狗狗的行为发展一般,人类的学习也是一样的,一个人为何不喜欢狗,甚至讨厌狗或是怕狗?在他的人生发展、家庭教育、父母亲带着他长大的过程中,第一次或是每次面对狗狗的存在时,父母亲做出了什么样的反应?或是那只狗狗做出了什么样的动作?这些都影响了人的学习,最终导致他爱狗或是怕狗。狗狗是大自然送给人类最好的礼物,却仍然有非常多的人不会感谢这一点,并不是他不想感谢,而是他骨子里的教育,已经使他怕狗或是讨厌狗了。

为什么我说狗狗是大自然给人类最好的礼物?因为狗狗的基本行为有几个特点:第一,顺从人类;第二,它和人类生活在一起后,会和第一个喂养它或是每天喂养它、陪它散步、为它把屎把尿的人,产生很紧密的关系,而这样的关系会让狗狗的所有行为,都以主人的行为作为参考,以至于它今天所有的行为结果,都和您百分之一百有关。

研究结果显示,狗狗和主人的关系,就如同小孩和妈妈的关系,小孩面对环境的改变,他会参照妈妈的行为来决定自己的行为,而狗狗面对不同的状况时,它都会参照主人的行为来决定自己的行为。

所以我常常告诉主人们:狗狗的行为是在反映主人的行为。

在生活之中,尤其是幼犬时期,狗狗正在探索,而您也在好奇与满足之中,渴望着拥有一只听话乖巧的狗狗。

毕竟您还是人类,一个没有学过动物行为学的人类,也没有带着狗狗让它去上学受教育,您不可能分分秒秒地观察狗狗,或是理解

它行为的反应以及意义。而狗狗也在想尽办法得到您的关注，所以它会一直思考并尝试着：怎样才能让您有反应呢？

　　当狗狗用了前脚来拨您的手，往往大多数的主人都会有反应。您可以回头看看在狗狗的学习中，有一项为"尝试错误学习"，它就是运用这个来学习，而您也是一样，当它拨您的手时，您出现了反应，所以狗狗觉得这是您希望的，也是它可以得到您关注的方法。

　　刚开始的时候您会觉得狗狗可爱，而且也会回应这样的举动，最后，您开始不想理会了，狗狗发现这样又无法得到您的关注，它继续尝试，最后它用嘴啃您的手，您不得不反应，而您尝试错误学习的结果，就是"理会它"可以让它停止啃您的手。这样交错之下，狗狗和您共同培养出了一个模式，就是"它一直会用前脚拨您的手去啃"。

　　有些狗狗啃得较轻，所以您可能会喜欢，就会看着它啃，面露微笑，或是嘴巴说着"不要"，但是却笑眯眯地面对，对于狗狗来说，不但通过尝试错误学习找到了和您互动的方法，而且它也深信"您很爱这种活动"。狗狗参照您的行为，最后的结果就是"它为了您而更努力地拨您的手、啃您的手"，而时间一久，您反而认为这是个行为问题了。

🐾 应对秘诀 🐾

理解了原因，问题就很容易处理了。在开始之前，您必须了解为什么狗狗要得到您的关注。因为它的生活太无聊了，所以不要只是想解决眼前的问题，而是要全面地思考如何解决问题。

我会建议运用PME心智体能训练，耗光它的精力，满足它的需求，然后我们再来解决这个问题。如果您只是解决这一个问题，我跟您保证，会有另外一个问题出现，因为存在狗狗身体里面的需求没有得到满足，它会寻求另外一个出口，所以您一定要全盘思考问题。

解决问题很容易，当它一开始拨您的手，您立即站起来走开、离开房间，不要和它互动，当它乖乖坐下来不动时，用眼神关注它并且称赞它。反复操作，一天之内可以解决。

至于咬手，没有拨手就不会咬手，不是吗？解决了最前面的问题，后面的就不会出现了。

5 有什么办法能让狗狗多喝水、多尿尿？

状况详述： 平时我朝九晚五，只要我一去上班，它就不吃不喝，等到我下班回到家，它才喝水尿尿。我很紧张，怕它憋坏了。要训练它不准尿尿很容易，但是要训练尿尿却很不容易，请问我该如何做呢？

对于喝水吃饭这件事情，没有一只狗狗会有问题。我的意思是，如果这只狗狗没有人类的饲养，纯粹在自然界中自己生存，饿了打猎，渴了喝水，不会有任何问题，但是一旦经过人类饲养之后，生活环境改变了，作息改变了，一切都要适应。

狗狗自己会观察您每日的时程表：几点出去？穿什么样的衣服？有没有拿公事包？今天有没有喷香水？如果您的模式都差不多（基本上人类都是如此），狗狗会很清楚地知道，接下来的9个小时甚至更长的时间，您都不会再出现，家里除了它自己，不会有其他的人。而对于狗狗来说，生活空间会因为巢穴卫生良好而逐渐扩大，也就是说，因为良好的卫生习惯，它不会在自己的家里随意大小便。

这对大多数的人来说原本是一件好事，因为狗狗从自己的窝开始，原本只是不会在自己吃饭、喝水、玩耍、休息的地方随意上厕所，但是它逐渐地将这个范围扩大到整个家，于是就再也不会在家中随意大小便了。但是您可曾想过，它的一切都要依赖您，它没办法自己开门进出，它也没办法拿着钱跑去便利商店买想吃的东西，更不可能打电话给您，告诉您它现在很饿，或是打电话给您告诉您大门是锁着的，尿急出不去，让您回来一趟帮它开门。

这样生活过了一段时间，狗狗自己会观察出定律，它学会了自我调适，避免在您外出的时候产生尿急或是想大便的欲望，最简单的方法，就是改变自己的作息来配合您的作息。在前面的问答中，我解答了如何运用作息的时间来调整并且训练大小便，在这里刚好是相反的，这是狗狗自发产生的学习，并且调整作息来配合人类的生活。

喝不喝水、吃不吃饭，以及多喝水或多吃饭，是两个不一样的概念，案例中狗狗是不愿意喝水，而主人却希望它多喝水，不愿意吃东西而主人却期望它吃东西。这里面有着那么多的矛盾，当您的决定和实际情况产生矛盾时，那绝对是无解的，您必须先理解问题的核心是什么，再来谈如何解决问题，同时，解决方案提出之后，您也必须予以配合。养狗，没有那种"既要马儿跑又要马儿不吃草"的方法。

行为问题的谈论以及解决，其实并不容易，因为问题的产生和太多因素有关。

比如说，每一个不同的品种会有不一样的行为模式。就以边境牧羊犬来说，如果您没有给它提供足够的运动，在马路上它看到车子去追车，那叫做"正常行为"，因为对边境牧羊犬而言，那就是一只跑得很快的羊，是牧羊的天性使然。

再举例来说，有一只母狗在胚胎时期，同胎总共有5只，4公1母，它是第三个生出来的，这也就意味着这只母狗从胚胎时期，就会被旁边那4只小公狗的雄性激素所影响，导致这只小母狗在未来一定会形成雄性化的特质，比如说很爱蹲下来、抬脚尿尿，或是会有比一般母狗强烈的地域性，或是比较爱在外面游走……

除此之外，主人对待狗狗的方式；狗狗的年龄、性别；问题行为已经发生了多少次，发生的强度有多大，发生的频率有多高；家中有多少人，还有没有其他宠物同住；平时喂食的餐数，实际喂食的食物；一天玩游戏几次，如何游戏；外出散步几次，每次多久；生活居住在室内及户外的比例是多少……这些都会影响到行为问题的判断。所以上述的案例或是本书中的其他案例，其发生原因都有误判的可

狗狗：陈圆圆的小孩们
主人：May（梅）

能。我会尽量贴近问题最可能的原因给予解答，但是也借此机会让您明了，这门学问并不是简简单单的东西。

　　这只狗狗除了上述的可能性以外，也有一种可能性，就是"分离焦虑症"。这个疾病目前被主人们严重滥用。

　　分离焦虑最快形成的年龄，都要在 24 个月，也就是狗狗 2 岁的时候，也许有些狗狗可以在 18 个月的时候就发现前兆，但是千万不要自以为是地把自己 1 岁的狗狗说成患有分离焦虑。有很多行为，比如说在家中随地大小便，您一出门它就不停地吠叫或是开始破坏家具，这些同样的症状，却不一定都是分离焦虑症，尤其年龄未达 2 岁之前，反而更可能是驯化不良、破坏家具行为……

应对秘诀

　　假如真的是分离焦虑症引起的不吃不喝，那么就需要直接寻求训练师协助。先学习如何用正确的方式和狗狗沟通，或是建立另外一种新的沟通方式。彻底改变主人您的行为之后，大约有90%的狗狗可以得到改善或是痊愈，但是这也要看问题形成了多长时间，如果已经持续了八九年，恐怕不是那么容易就可以解决的。

　　当运用行为来改善行为无效时，或是狗狗仍然有分离焦虑的问

题，那就需要让懂得行为问题的医师，视情况开药治疗了。

正确的用药并不会让狗狗在服用药物后出现副作用，尤其不应该出现"嗜睡"的现象。如果出现了这些问题，要不就是医师不会开药，要不就是药物剂量的问题，您需要考虑转到专业的医师那里，或是和您的医师好好详谈沟通了。

对于鼓励狗狗喝水这件事，方法很简单：保持水碗的清洁，经常更换干净的水，不要把碗放在狗狗害怕的地方，狗狗喝水时不会因为触碰到狗碗而产生太大的声音（有些狗狗会被吓到）……除了这些基本的要求以外，您只需要在它自己去喝水的时候，开心地称赞它，日复一日地称赞，狗狗就会莫名地开始增加喝水的量以及频率。

平时绝对不要强求狗狗吃饭喝水，那样只会导致狗狗产生为了寻求主人注意的厌食症（Attention Seeking Anorexia）。

在这个问题里面，鼓励喝水不难，鼓励吃东西也不难，但是狗狗愿不愿意？答案当然是不愿意，因为您的狗狗太爱干净，而且您离家的时间过长了。所以真正要修正的不是狗狗，而是您的想法或是作息。比如说，每天午休时间赶回来带它上一次厕所，刚开始当然是没有效果的，但是慢慢地，狗狗发现也确认，每天中午可以去上厕所，它就会再度调整自己的喝水和吃饭时间，问题就解决了。

狗狗: FiFi（菲菲）
主人: Kay（凯）

另外一个方法是，您不要把白天当白天，重新规划生活作息。

把白天上班当作是狗狗睡觉的晚上，您一回来就是它起床的时间，开始吃饭喝水，然后帮它把屎把尿；而您睡觉的时候，让它学习在家上厕所。因为您在家它都愿意吃喝，所以您同样可以运用时间表，来训练它在家中的某个区域或是厕所内上厕所，即便是半夜，它也可以轻松地自己找到该去的地方，这样的改变对狗狗并不会辛苦。

先改变作息时间、想法后，再来训练它在家中上厕所，会比您直接教它在室内上厕所容易得多。

6 我的狗狗才 1 岁，为什么却像 10 几岁一样，走路总是慢吞吞的？

或许有些人觉得这是狗狗的天性，但如果您仔细看看狗狗的特质、品种、主人的对待方式，就可以发现一些端倪。

这其实也是我在临床的行为医学中常常发现的案例，一般的狗狗，尤其才 1 岁，当您带着它去外面奔跑的时候，它却像个木乃伊一般，一副"我老了，走不动"的样子。有些主人比较细心，发现了这一点，带它去医院检查骨骼，结果是正常的。

其实有经验的医师就应该注意到一个特点：狗狗的活动力减退，没有正常的活力，首先要检查看看有没有甲状腺功能不足的问题。

有一个真实的案例是，主人遛狗时，狗狗绝对不会暴冲，所以在主人的眼中，这只狗狗是很乖巧的，绝对没有随行训练的必要，因为狗狗走最快时也不会拉扯到牵绳。

但是当我们建议它检查甲状腺后，隔天报告出来，的确是甲状腺功能不足。经过两个月的服药后，我看到的是一只活泼的狗狗，会暴冲、爱玩乐，完全跟一般 1 岁的狗狗一样活泼，这时候的主人，也开始学习教导狗狗"松绳随行"了。

应对秘诀

只要您发现狗狗有异于一般狗狗的特点，最好立即寻找专业的医师检查，先确定是属于医疗的问题，还是行为方面的问题。前述案例中的狗狗，确诊为原发性甲状腺功能不足，需要终身服用甲状腺素。要知道甲状腺素是狗狗身体的每一个细胞代谢的必需品，少了甲状腺素，在未来一定会引发心衰竭、肾衰竭、急性胰脏炎，寿命不会和其他同种狗狗一样，所以不要轻忽这个疾病。

　　得了这种疾病，除了行为上的改变，狗狗还很容易出现剃毛以后毛发生长不出来，或是生长不平均的现象，也可能无缘无故发生了对称性的秃毛。

　　甲状腺功能不足有两大类，一种称为"原发性的"，也就是先天性，完完全全就是甲状腺本身萎缩、发育不良等问题导致的，所以需要一辈子靠我们给它提供甲状腺素。另外一种称为继发性甲状腺功能不足，这代表甲状腺的功能只是暂时性被抑制了，使得血液里循环的三碘甲状腺素不足，导致产生甲状腺功能不足的症状。导致其功能被抑制的原因有药物（尤其是类固醇的使用）、免疫系统、化学物质、环境毒素等。这种问题比较简单，只要原因去除了，短期服用甲状腺素就可以了。

　　通常主人最多的抱怨都是"医师您开的是什么药，狗狗怎么变得那么活泼，我们快受不了了"，但是您要知道，您现在看到的狗狗，才是它真正本来的样子，因为它以前的代谢缓慢，您看到的都是不正常的样子，现在补足了，狗狗正常了，您反而无法接受了。

　　甲状腺的问题会引起行为的异常，解决方法只有一个，就是吃药！

7 在野外不小心误闯了狗狗们的地盘，狗狗群聚对着我叫，该如何脱身？

面对外面的狗狗最麻烦也最简单。麻烦的是因为您完全不知道它们是谁，但是也最简单，因为您很清楚您侵入了它们的地盘。

由于讲的是"野外"，通常表示的就是被人类抛弃的流浪狗聚集的地方。问题起源自人类的自私——狗教不好，或是胡乱大小便，或是破坏您的家具，或是夫妻有了孩子就不要狗了。如果您曾经是其中的一种人，请您回想前面的文章，我说过狗狗是上天给我们人类最好的礼物，请您不要辜负之，请您好好地保护这份礼物。

无论这些狗狗一开始是怎么流浪的，或许原本就是流浪的父母所生，这就是自然定律，您抛弃了一只狗，它会生产更多只狗狗、衍生更多的问题。扑杀永远都不是解决的方法，大众的观念教育是首要方法，对于已经流浪的狗狗施予 TNR（捕捉、结扎、放养），才是一个进步社会应该做的事。零扑杀不可以只是口号，把狗关在收容所里，那是另一种不人道的虐待。

好了，回归到流浪狗。它们在被人类抛弃后的边缘生活中，它们会群聚，它们需要食物、需要水、需要遮风避雨的居住处所。对于无情的人类，它们早就失望透顶，早就失去了信赖，除了一些刚出生、尚未经过人类世界历练的小狗，还天真地拿着自己的本性去爱人，但是一旦一次一次地被伤害，就会成为避开人类的一群边缘生命。

它们互相依偎在一起，一起守护它们仅存又不定性的领土，与其说领土，不如说是暂时还能躲藏、避免被伤害的处所，只要有外来的动物，尤其是人类的接近，它们会互相提醒对方有坏人来了，同时也会对侵入的人类发出警告，警告的话只不过是"不要靠近，我们这里有很多狗狗，没有你们的空间"。在自然界，除了打算吃掉这些狗

的掠夺者，其他的动物会离开，尊重这些狗狗的存在，然而人类虽然有耳朵，但是听不懂这些告诫的意义，不断地逼近狗狗仅存的一小块空间，把狗狗逼迫到无路可走或不得不撤离。

您越靠近它们生活的中心点，它们的吠叫会越剧烈，因为这也包括了它们会聚集全部的力量来驱赶您。

大多数的流浪狗狗不会攻击人类，它们对人类避之唯恐不及了，根本不会想靠近人类。如果您看到流浪狗攻击人类，您应该思考的是，谁引起了这样的原罪？原本以人类为天的狗狗怎么开始逆天地攻击人类？要知道攻击是需要经过练习的，到底是谁不断地去伤害狗狗，让狗狗练习了反击或是攻击的技巧？同时，在狗狗发出警告的时候，被攻击的人为何什么都不懂？您只要默默地离开就好。没有一只流浪狗想要打架，它们也没把握会赢，它们要冒着自己受伤或是死亡的风险。您认为它们会轻而易举地发动攻击吗？

社会出了什么问题？老师、父母、社会在教育小孩时，有没有教导如何和动物相处？对于无尾熊、帝企鹅，那种关在动物园的动物是教了，但对于我们自己导致的流浪狗，却不教，或是说没有好好教，甚至教导了错误的方式。所以我们来看看，万一真的狭路相逢，而您面对的狗狗，心灵和身体早已千疮百孔到需要用"伤害人类"来自保，

面对它们，我们到底该怎么办呢？

🔖 应对秘诀 🔖

首先，如果您面对的只是吠叫，而且不是要置您于死地的狗，您只要默默地离开它的领土范围，眼神不要接触，不要紧张，轻轻松松地离开就好。如果您想用眼神杀死狗，那么狗狗就会用眼神杀死您，你们就会你看我我看你，谁先动就输了。

眼神的对峙代表着"挑战"，这时候千万不要以为您的体积大一定赢，那您就错了，您的速度、灵活度、力气、牙齿的咬肌力量，都输给狗狗，所以请记得"识时务者为俊杰"，离开就好了。

但是万一，您真的遇上了要置您于死地的狗狗，那么请您注意周边环境，有什么东西可以拿来挡的，有什么树可以爬，有没有车子，摩托车或自行车都好，把它挡在您和狗狗之间；千万不要尖叫，也不要哀嚎，因为那样只会刺激狗狗，发生更严重的攻击。

万一，我是说真的万一，您肯定要被咬了，记得用您的手保护好自己的头部以及喉咙，趴在地上不要动，它们的攻击一下就会结束，如果您越挣扎越叫，攻击持续得越久。这种方式被咬受伤的程度是最低的，因为主要的位置都是在肌肉而不是致命点。

　　我知道您看到这里或许不是很认同，因为您可能觉得要拼一下，是的，如果您手上有武器，如果您是个又高又壮的成年男人，但是万一要被咬的只是个小学生呢？如果没有先教育他们不要逃跑、不要哭、不要尖叫，他们一定会被咬的，所以事先教育好，小孩们只要不用跑的，不要尖叫不要惊慌，那么狗狗也不会去攻击的。

　　我们最害怕的不是流浪狗，而是一些有人饲养的天性凶猛的狗，主人若使用打骂教育，一旦狗狗没拴好、跑出来，那样的狗狗，危险性才是最大的。实在无处可逃的时候，手抱头并且用手肘保护好喉咙，那样可以让自己生存下来。

　　流浪狗的平均寿命才几年，做好老百姓的基础教育，对已经存在的流浪狗施以 TNR（捕捉、结扎、放养），几年之后它们往生了，您还会担心流浪狗的问题吗？真正的问题不是流浪狗，而是抛弃狗狗的人，以及让狗狗的生命和心灵千疮百孔的人类。

8 为什么在周一到周五的上班日，主人出去后狗狗都不叫，但周末主人一外出，它就会一直叫到狼嚎？

您生活的一切，狗狗看在眼里可不是一两天。换了您来当狗狗，您每天可以做什么？无非是观察主人的生活，吃饭、喝水、尿尿、便便以及玩耍，这样的日子您觉得好玩不？如果您理解狗狗爱您的程度、希望得到您的关注的渴望，再想想狗狗就是用这样的心情来观察您，您很快就会知道，不需要几天，狗狗就把主人您的行程观察透了，周一到周五，您起床后的动作以及速度都很快，唯独周末，或是其他的假日，您的动作会放慢。差别很小吗？其实差别真的很大，起床时间不一样、动作不一样、穿着不一样，穿戴的东西、拿的包包也都不一样，带它去上厕所的态度以及速度都不一样，所以它轻而易举地就知道您今天没有上班。

除此之外，没有上班的日子里，您会带它出去、您会陪它，对一只等待了一个礼拜的狗狗而言，一周里面最期待的就是假日，因为它可以和您多在一起，您会给它更多的时间，您也会带它去一些不一样的地方，甚至给它不一样的食物。

平时您出门了，它知道8小时之内您绝对不会再出现，可以独立的狗狗就会这样想，而分离焦虑的狗狗就不会这样想，它会觉得您一去可能就不会回来了。所以养狗的您，千万不要溺爱狗。

狗狗在您离开的8小时内，它会自己安排睡觉、吃饭、喝水、游戏，但是越接近您要回来的时候，它就会准备迎接您。它不会自己不知趣地吠叫，因为独立的狗狗很清楚地知道，那是没有意义的，只是浪费力气而已。

但是到了周末，如果您一出门没有带着它，它会觉得奇怪，想说是不是您把它忘记了，于是就会开始吠叫，吠叫的方式可能是："汪

汪汪，汪汪汪汪汪，汪汪，汪汪汪汪汪汪汪，汪汪汪……"，而且越叫越急，因为它的意思是："喂，您是不是忘了我了？哈喽，我在这里，您忘了我吗？哈喽啊……"

它的每一个吠叫的停顿，都是在观察您的反应，看您是不是听到了。您一直往外走，它就越来越担心，因为每个吠叫呼喊，您不但没有回应，反而离它越来越远。最后它就开始狼嚎，因为狼嚎代表着呼朋引伴以及轻微的焦虑，也是它们可以和远方同伴呼应的方法，因为您走远了，它怕吠叫声您听不到，再加上它也着急了："不是放假吗？怎么可以落下我一个呢？"

应对秘诀

改变您的习惯，让狗狗搞不清楚哪一天放假，跟它斗智，只要它误以为您是去上班，吠叫或狼嚎都不会出现。

或者，假日无论去哪里都带着它，问题就解决了。这种解决方法称为"管理"，有很多的行为问题只要通过管理，就可以达到您要的效果或是结果，除非管理不是您想要的方法；如果您要使用矫正行为的方式，虽然可以彻底改变，但是相对应的，您所需要花费的精力、时间甚至金钱，都会多很多，您是不是可以配合？如果不行，就不要

谈矫正，乖乖地去管理就好了。

　　如果您要使用矫正的方式，您需要先教导狗狗"等待"。在您离开家门的时候，先让它坐下等待，您必须要知道它大约多久后会叫，在它还没叫之前就开门进来，给它夸张的奖励，然后到客厅坐下看电视。这只是个练习，一天之中多做几次，让它学习等待后可以得到更大的关注，而且学习到您的外出只是短暂。

　　逐渐拉长外出的时间，让它学习。千万不要在离开的时候跟它轻轻柔柔地说话，也不要在回来的时候一副好久没见的样子，您的态度越平常，问题越不会发生。如果它已经狼嚎了，您必须在它的狼嚎停止以后，再等两分钟才进来。但是，如果狗狗的狼嚎停止的原因，是因为它听到您回来的声音，那么，您开门进来只是正中下怀，它的学习就会变成狼嚎可以把您叫回来。

　　最好在家中装设网络摄像机，用手机观察它是不是真的安定下来了，确认以后，等待两分钟再开门进来。如果您觉得假日还要这样搞太麻烦了，有没有更简单的方法？那么，请您使用管理的手段吧！

9 目前 6 岁的英国斗牛犬，母，已经节育了，每天会尿床是什么原因呢？

尿床的问题和没有学会大小便的行为是不同的。尿床代表着狗知道在哪里上厕所，但是不知不觉就尿在床上了，这和尿失禁有点类似，但是也不太一样。

所以我们先看看这两者。这类的尿床，通常是因为膀胱已经胀大到无法控制，再加上睡觉的时候括约肌比较放松，于是，尿液就因为膀胱的压力大于括约肌的张力而漏出来，这就是主人看到的尿床。而尿失禁的结果和尿床类似，但不同的是，尿失禁的狗狗，它的膀胱括约肌的收缩能力是有问题的，而尿床的狗狗是没有问题的。

正常的狗狗，每天的喝水量以体重来计算，大约每千克体重需喝 40~60 毫升。也就是说，一只 5 千克的狗狗，正常一天的喝水量 200~300 毫升，但是可能会因为天气冷热、运动状况、健康与否等，多喝或少喝，但基本上仍在这个范围的上下。如果您的狗狗喝水量超过了每千克体重 100 毫升，那就需要检查了。

如果狗狗喝了太多水，膀胱也会因此蓄积太多的尿液，即便是睡觉前上过一次厕所，依然会产生多量的尿液，导致狗狗出现尿床的现象。这不但会发生在每天的早上，也会发生在下午睡觉时。如果您太晚带它上厕所，它的膀胱只要控制不住了，就一定会尿床。这并非狗狗自愿，请您不要用现行犯来处罚它。如果换了是您，因为生理的问题导致早上尿床了，然后您的另一半或是父母亲因此责骂您，您会好受吗？您可曾做过一种梦，在梦里不断地找厕所，总是尿不干净，因为您的膀胱那时候已经满了，需要您去上厕所，但是您的疲劳会让您起不来，因为神经的指示，导致您产生了梦境，如果您真的在梦里尿成功了，那就代表您也已经尿床了。

　　然而尿失禁，有很多属于神经障碍的问题、脑部的疾病、椎间盘疾病、骨刺、免疫性的疾病、激素问题（多为早期节育、节育手术技术不良导致）……这些都是有问题的，您一定要理解这一点，先带它去医院检查，千万不可以责骂它的尿床或是尿失禁问题。

应对秘诀

　　对于尿失禁的狗狗，主人可先自行判定，计算狗狗每天的平均喝水量。每天中午计算到隔天中午，您可以一次放 500 毫升的水，喝完就再加，直到隔天中午，汇总加进去的水量，再扣除剩下的水量，就可以知道它实际喝了多少水。连续测量一周，然后把数据带去医院给医师，看看是肾上腺的疾病，还是肾性尿崩等疾病。如果都不是，就找行为专家判定它是否有心因性剧渴的行为问题。

　　假如它没有任何问题，而仍然是喝多尿多，那么您就需要运用管理的方式来改变这一点。

　　白天尽量让它无限制地喝水，留意它多久会聚集很多的尿液，在它尿出来之前就带它去上厕所；晚上睡前两小时开始不要给它喝水，但是早上一醒来就无限制供应水，而晚上睡觉到早上起来的这段时间——不可以用您的习惯来计算，有的人贪睡可以睡 10 几个小时——记得最长只可以算 8 个小时，睡觉前一定要再带它外出散步尿尿。

　　至于尿失禁的患者，请先解决医疗上的疾病，比如说椎间盘突出，先手术处理好神经压迫的问题，再来谈尿尿的问题。如果是属于节育后引起的激素问题，可以通过药物来治疗或是控制，狗狗一样可以恢复正常，但是通常需要不间断的药物治疗。对于现今社会的人来说，不间断地用药通常接受度很低，但是如果尿失禁的是自己或是家人的时候，可能会接受这样的治疗。

　　经过治疗后，狗狗或许会恢复正常，也可能会遗留下一些症状，如果尿失禁的问题在治疗后仍然存在，那么您还是需要运用"管理"的方式，只不过上厕所的频率比较高而已。

10 出门搭车时，狗的异常吠叫，是开心还是紧张呢？车一停它就暴冲下车，我常常被抓得到处是伤，这该怎么办呢？

　　带狗狗出门原本是属于家庭出游的好事，问题是狗狗上车后，在这个密闭的空间里，您希望它学习到什么？

　　大多数人不知道如何引导狗狗正确地学习，总认为在家和在车上没什么两样，以为狗狗不需要学习，只要您说了或是骂了就会懂了。殊不知运用说和骂的方式，是您潜在的学习结果，您会毫不思索地运用在狗狗身上，以为您是这样学习的，所以狗狗也会这样学习，但是狗狗完全不懂您的语言，它只能用行为来猜测，看看结果来决定。您应该要记得：行为会因为结果而不同，结果如果是好的，该行为就会重复。

　　当狗狗第一次上车，车子会晃动，您会加速、减速、刹车停止、挂挡、转弯……对于狗狗来说，这是完全没有学习或是说完全没有接触过的东西，它在车子里站得不稳可能会摔跤，这时候的您在驾驶座上，或在旁边的座位，您并没有空暇理会它，狗狗开始发出哼哼的叫声，那是一种对您有所求的声音，而您在听到的时候是否做了什么？无论您做了什么，都会让狗狗误解，因为您的回应，对它来说的学习就是好的结果，所以哼哼叫的行为将来更容易重复。

　　您不回应它，它会觉得它的沟通失败，结果是不好的，它就会减少使用哼哼叫的方式来沟通，但是需求没有得到解决，它会尝试另外一种它认为更有效的方法，那就是疯狂地吠叫。而您不可能不回应狗狗的吠叫，因为您就是一个普通的宠物主人，不知道行为的意义，而您的回应对于狗狗来说，就是良好的结果，所以会导致它越来越深信，疯狂的吠叫可以得到您的回应。

事情永远不会那么简单，原本只是认为可以得到回应，但是您的回应常常伴随着您的关注或是眼神，即使您处罚了它，您仍然给了狗狗最大的关注。或许您会质疑，处罚不是不好的吗？为什么它却还是继续吠叫呢？因为您不是站在狗狗的立场思考。对它来说，您的关注、奖励，远远大过于您打它、骂它甚至虐待它的处罚，两者虽然冲突，但是对于狗狗来说，它最想要的东西仍然得到了，这个行为不但结果是好的，还是它最想要的东西，所以处罚一样导致行为不断地重复。

至于狗狗是开心还是紧张？当然，紧张的成分占多数。

或许有些狗狗完全不紧张，上了车很开心地叫了两声，如果您完全不予理会，这种开心的吠叫，在您的忽略、置之不理之后，就会逐渐地淡化。如果您去责骂或是称赞它，开心的吠叫会变成吠叫的模式，纯粹是被您增强的行为，而无关乎开心还是不开心了。

当车子一停，无论刚才是什么状态，车停了，目的地在哪里？家门口还是它想去的地方？这些都不是重点，重点是狗狗想快一点到目的地，或是早一点离开这台笨车子。对于它的狂躁行为（暴冲），您会继续运用您的语言来"制止"它，期望狗狗听得懂，可惜的是，狗狗完全不懂您的意思，它的学习就是尝试错误和学习。

过程中，即便您嘴巴上是制止，但是它下车的过程并没有被真正地限制，所以急躁的暴冲加上您的半推半就，您一定会被抓伤，这绝对不是它错了，而是您搞不清状况地让您的狗狗学习：越粗暴越快下车。抓伤，那只是最轻微的结果而已。

应对秘诀

上车，把车门关好。显然坐下比站起来稳定，而趴下又比坐着稳定，所以让狗狗趴下，不要在前座，让它趴在后座地上，或是后座上（需要系上狗狗专用安全带）。

不要开车，只需要坐在车子里发动引擎，然后抚摸您的狗狗，并且温柔开心地称赞它好乖，不要刺激它让它兴奋，我们只要让狗狗安定下来。然后熄火打开车门，如果狗狗站起来了，您可以让它再坐下，只有安定地坐着或是趴着，我们才扣上牵绳让它下车。它如果急躁，请把门关起来，重复再来一次。如果您觉得它永远也学不会，其实是您抓不到正确的时机，那么建议您直接把牵绳扣好，不要拿下来，这样您会比较好管控。

反复在车上打开引擎并且抚摸狗狗、称赞它，当您发现它都很乖了，就可以慢速地移动车子。记住，在移动的那一瞬间，称赞您的狗狗。

数次的称赞后，如果它都可以趴着不动，那么您就可以正式开车，并且不定期地继续称赞或是偶尔抚摸它，让它知道您喜欢它这样乖乖地趴着。

最常出现的问题是您让它坐下而它不愿意，或是您让它坐下它会立即站起来。这个问题是因为您的狗狗不安，无法安定地待在车子里，这时您所需要的就是耐心，以及更精准的奖励时机，在它坐下或是趴下的同时奖励它，而它站起来的时候，您什么也不用说，只需要表现出一种很无奈、很讨厌的态度，然后再次让它趴下，只要趴下了就称赞，反复操作到狗狗可以趴下一会儿，您就可以开始间隔一两秒，

称赞它并让它趴着不动。时间的间隔可以不断地变化，慢慢延长它趴着等待的时间。

就只是这么简单的动作，您只要持续做，它一定会乖乖地趴着等您停车，并且等您说可以了才下车。学会这样等待的狗狗，在搭车的时候绝对不会发出哼哼叫的声音，更不可能疯狂地吠叫了。

11 为什么狗狗会不断地挖桌子底下的瓷砖地板？

狗狗有一种行为称为"真空活动"，也可以称为真空行为。这是一种由先天物种的遗传所触发的行为模式引起的，主要原因是不存在的，故我们称之为真空行为。

举例来说，狗狗在睡觉前常常会挖地板，这是狗狗自远古以来就具有的先天行为，因为在野外，它们要睡觉时会在地上挖出一个小小的区域，然后睡在里面，因为泥土下方比较温暖舒适。这种行为模式因为物种的遗传一直遗留下来，但是以现在的生活环境，它们已经拥有了舒适的床，不需要靠挖地板来达到目的。在缺乏需求的情况下，它们仍然在睡前做出挖地板的行为，这就是所谓的真空活动或是真空行为。

动物还有很多属于真空活动的行为。比如说猫咪的盖便便行为，原本是为了避免被其他小动物（如老鼠）发现它的踪迹，所以在如厕后会去盖便便。现在居家的猫咪根本不需要这样的行为，但是它仍然将这种行为延续下来，而我们也是运用这一个行为，来让猫咪维持良好的生活习惯，这也是真空活动。

除此之外，还有很多的行为，比如说狗狗在床上突然跳起，然后对着床做出跳踩的行为，这是属于狗狗远古以来的狩猎行为。再比如说猫咪吸吮人的皮肤或是毛毯的行为，这些都属于真空活动。

真空活动或是真空行为，往往会在宠物放松时出现，也会在宠物出现冲突或是焦虑的时候出现。

当您的宠物出现真空活动时，您要注意的是，发生的频率及强度是不是很高？有没有出现自残的行为？如果都没有，那么您就当是狗狗猫猫的可爱动作吧！如果太过频繁，或是产生自残行为，就需要

就医检查，因为那可能不是单纯的真空活动了。

在远古的时候，有很多品种的狗狗因为人类的需求而被培育繁殖，借此猎杀会吃掉农作物的小动物，来协助农人增加农作物的收割量，比如迷你雪纳瑞就属于这类狗狗，它们会挖地洞把老鼠抓出来杀死。这种存在于遗传基因里的行为模式，会一直跟随它们，即便到了现今的社会，多数的狗狗没有老鼠可以杀，但是在这样缺乏原因的情况下，它还是会对家中某一块地板出现挖地板的行为，这也是它们的真空行为。

应对秘诀

面对真空活动，只要不涉及自残或是会对任何人、事、物产生伤害，我们可以置之不理。如果您仍然对于放任它挖那块瓷砖有千百个不愿意，您可以运用几种方法。

第一种就是带它去某一块土地，事先把它最爱的玩具，通常是会发出声音的那种玩具，预先藏在地下，然后带它去挖，当它挖出来的时候，您要像它帮您抓到了破坏农作物的老鼠一样，非常开心地鼓励它、称赞它，如果可能的话，甚至和它一起玩玩具，但是一定要让它获胜，鼓励它杀死老鼠，让它的需求获得满足。

第二种方法，您还是可以运用 PME（心智体能训练），耗损它所有的精力，让它在家中没有力气做这些，一只疲劳的狗就是好狗（因为没有力气作乱）。

第三种方法，那就是运用负处罚的概念，但我比较不建议。当它一去挖地板的时候，您就很生气地摔门离开那里，仿佛不要它了一般。您可以在这种时候运用，但是记得先准备好网络摄像机，摔门离开后，在另一个房间等到狗狗安定下来两分钟以后，您才可以开门回到该房间，但是回来的时候不要和狗狗互动，只是单纯地又回到房间，就像平时您进出房间与客厅之间那样。这样的做法，是让狗狗产生一个学习，每当挖那块地板的时候，就像触到了一个按钮："会把我最爱的主人赶出去。"而且屡试不爽，毕竟它挖地的目的也是为了人类，现在主人因为挖地而消失了，它还想挖吗？

在运用这种技巧时，如果您没有计划或是不会做计划，对于狗狗可能会发生的状况也没有概念，劝您就不要做。

比如说您一摔门，狗狗发现您跑到别的房间时，如果它开始抓您的房门，您开还是不开？理还是不理？无论怎样做都不对。因为理它了，狗狗会产生错误的学习，不但之前想要改变的没改变，反而又多了另外一个问题。不理它，那么您的门就会毁掉，您接受吗？

　　矫正行为的观念并不难，但是操作上却很不容易，因为您要思考的层面很多，往往需要运用很多道具，或是其他训练师或狗狗的协助，在没有充分思考前，请不要贸然自己操作。请训练师虽然花钱，却可能才是省钱的方法，因为训练师可以避免产生更多的问题，也可以更快速解决问题，同时又能避免您的门被抓坏，所以请您自己衡量吧！

　　我建议的方法不是针对问题来解决，而是去除那股欲望。所以我的首选会是 PME，其次是到户外挖地，最后才是运用负处罚原理来矫正——移除狗狗想要的，来减少行为。

12 在营业场所养狗，客人进出时狗狗都会吠叫及攻击，该怎么办呢？

如果要在营业场所养狗，狗狗一定要很乖，很喜欢所有的陌生人，喜欢所有的动物，如果不是，它就会对这些人、事、物产生警戒，进而发出警告，警告的目的就只是驱离，希望把外来者赶走。

有很多品种的狗狗并不适合养在店里，比如说德国牧羊犬，它们就是被培育来牧羊的，而牧羊的方式是不断地在羊群的外围游走警戒，这类型的狗狗，先天上就很容易产生地域性，在店里连续待个一两天以后，它就认定了要守护的区域。牧羊的目的有很多种，有的是赶羊，有的是保护羊群，每一种牧羊犬的培育产生不同效果，譬如大白熊犬，它们会混在羊堆里，远远看起来和羊没有两样，山上的狼如果要去吃羊，大白熊犬就会从羊堆里窜出来，攻击野狼来保护羊群。所以在养狗的时候一定要慎选合适的品种，否则您为了个人喜好而养了一只不适合的狗狗，到头来又想要解决原本属于正常的行为问题，这对狗狗是很不公平的。

在您的店里，客人来来去去，对于狗狗来说，如果是基因的问题引起的，它只是在尽它的本分，这是去除不掉的基因问题；但如果不是这类基因的狗狗，就是属于社会化不良好，需要您对狗狗再度社会化。

原本因为社会化的问题，导致对于陌生的人、事、物产生害怕的情绪，而运用吠叫来驱离对方。但是人的模式最糟的部分，就是陌生人进到店里，狗狗没有反应时，人不会理会狗狗，但当狗狗对着客人吠叫时，主人就会出面制止狗狗。假如这样的制止或是处罚的思维是有效的，那么全中国的狗都是好狗了，但是事实是什么？事实就是我们亚洲人养的狗问题特别多。制止并不是一个好的解决方法，处罚

绝对不是解决问题的方法，那只是人类在找不到方法时，这是一个他觉得自己总算做了什么，同时也让自己感觉好过一点的方法。

偏偏这样的操作，狗狗会产生学习，因为您的制止让狗狗得到了您大量的关注，不但吠叫不会减少，反而因为您的制止，加强了吠叫行为。

非但如此，狗狗会越演越烈，从单纯的驱赶吠叫，渐渐发展成攻击行为，而攻击行为的产生，您的反应比什么都大，无论是动作还是声音，您把非常大量的关注给予了狗狗，这个问题甚至会发展成任何一个人或是狗狗靠近，它就狂吠并且产生攻击行为。

🔻 应对秘诀 🔻

要避免问题产生，要从挑选品种开始；开始养它以后，给予正确的社会化，让它熟悉各种各样的人，认识各种各样的动物和不同品种的狗狗。接下来就是需要在任何客人进出店里的时候，好好地奖励它"无动于衷"的行为。这整个过程是轻松简单的，在问题发生之前预防都比较容易，但是如果已经发生了，以后要解决这个问题真的就很不容易。

首先您要确认您养的品种是不是有这类基因，如果有，不是用单纯的几个方法就可以解决，最好是找训练师协助您训练狗狗"生

活纪律"，同时让狗狗学习"坐下等待所有它想要的一切"（Sit For Everything），然后还需要配合行为矫正。

如果不是品种的基因问题，而是社会化的问题，那么需要先做好社会化。给您一个最快的方法，但我想很多人不会愿意，而且操作不太容易，不过却是最简单的方法。

首先，需要找20个家庭，这些家庭是真正的大家庭而不是只有一两个人的那种家庭。这20个家庭的成员都不会打骂狗狗，对狗狗会运用正加强教育，最好还是上过行为课的家庭。

把狗狗交给第一个家庭，让他们饲养7~10天，这个家庭每天要喂狗狗吃饭、带它上厕所、做游戏，散步起码两次，每次30分钟以上，一直养到狗狗对这家人产生明显的互信关系为止，通常1周就足够了。

然后由这个家庭的成员把狗狗带到第二个家庭，而原始的主人您，绝对不可以探望狗狗。当狗狗到了第二个家庭以后，这个家庭要和第一个家庭用一样的方法养它、带它、遛它，还要陪它玩耍，同样的，原主人和第一个家庭的成员都不可以去探望狗狗。这样的模式连续操作20个家庭以后，狗狗会以一概全地认定所有的人都是好的。

这段过程是给予成犬社会化的最佳方式，但是需要的时间比较长，需要这些家庭也必须有一些基本的能力，所以并不容易找到。这样经过了约莫半年，您的狗狗社会化就会非常良好了。

接下来，带它在店里面，先让这 20 个家庭的成员轮番上阵进入您的店里，跟您及狗狗打招呼，如果狗狗对进入店内的人的表现友善，您可以利用这个时候奖励狗狗。这 20 个家庭的成员加起来可能有 80~100 个人，利用这 100 个机会，就可以让狗狗再也不叫，更不会攻击了。

我知道您看到这儿想说什么，"天方夜谭"！

如果您去做了就不叫天方夜谭。把一只狗狗训练成会这样对人吠叫攻击，那也是种天方夜谭。在我来说，要我教出这样的狗狗是不可能的，但对您来说要教出一只不会吠叫的也是不可能的。这两者之间的差别就在于您愿不愿意执行方法而已。您可能想问，不是说有更快速、更简单的方法吗？

的确有的，那也是 PME 心智体能训练的其中一个小游戏。把那个处理过的骨头准备好，只要有人进入店内，骨头就掉下来，人一离开，骨头就消失，让所有进到店里的人成为"骨头快递"，您的狗狗经过几十个人的熏陶之后，就会产生陌生人进入店里的期待。既然不害怕并且期待了，自然就不会吠叫也不会攻击了。这里有一个重点，请把骨头放在店的最里面它的床上（要用绳子绑住）。

此外，请一定要上 PME 的课，而我会把 PME 的操作写出来，是要让没有办法上课的人可以自己操作。

运用这样的活动可以把狗狗的精力都耗损掉，陌生人进入店里时，降低它吠叫的欲望，再配合运用那根特殊的骨头，即使狗狗对于侵入者产生吠叫的原始意义没有消失，但是因为它的行为模式被我们修改了，所以它会停止吠叫以及攻击。

上述两种方法，一个是彻底改变它对人类的看法，一个是改变它面对陌生人所产生的行为模式，两者都会有效，您自己选择使用吧！

最后，我们同样可以运用所谓的"弃养训练"，去除因为主人您责骂狗狗而产生的加强行为。但是，吠叫以及攻击行为的发生点是在店里，您必须找专业认证的训练师协助，因为您不可以拿客人来当试验品，必须让狗狗整个矫正过程没有一丝一毫的风险出现。

13 回家后要帮它擦脚时会很凶狠、不给擦，有时候还会咬人，该怎么办呢？

擦脚对于主人来说，为的是自己家里的清洁，狗狗原本也不在乎，但是擦脚对于狗狗来说，也没有什么好坏问题。一只狗对于擦脚产生反感，原因大致有以下几个。比如说，狗狗太过于自我、不服从人类，基本上就是由它掌控人类的生活，您想碰我的脚？门儿都没有！或是有些狗狗曾经被您抓着剪趾甲，技术不好就算了，还把狗狗剪到痛了，所以每当您拿起它的脚，它的不悦与拒绝是因为它认为您又要再伤害它，所以它开始警告您。

回头想想狗狗的学习，当狗狗的脚被您拿起来，请问它得到了什么经验？如果是疼痛的，狗狗该怎样面对？它会尝试各种方式，让您不要碰它的脚，可能一开始只是挣扎，您的反应是什么？如果您置之不理，任由它挣扎仍然继续擦脚，对狗狗来说挣扎并不是解决之法，它就会尝试用别的方式来告诉您，别再碰它的脚。换了您来当狗狗，怎样表达最有效？那就是攻击。一次次发生后，狗狗学会了自保的方式，就是对着您咆哮甚至攻击。想一想，您怎样才会松手？狗狗对着您凶，如果您不理它就咬您，结果就是"您会松手"。在狗狗的学习里，它会因为结果而更会对擦脚的人凶了。

有时候并不是因为疼痛导致的，而是狗狗没有服从人类。从小社会化的过程没有处理好，或是狗狗有君王地位的倾向，很多地方都不让您碰触，也会在您帮它擦脚的时候产生攻击行为。

应对秘诀

面对问题永远有一个选项叫做"管理"。如果您不介意它的脚脏，不擦脚也就等同解决了问题。如果您一定要解决擦脚的问题，我们先

来看看它是什么品种的狗狗，身材有多大再来决定。如果它只是一只马尔济斯或是博美犬，我会直接擦它的脚，利用牵绳牵好它，让它在牵绳的控制下，万一它想要咬我。会因为牵绳的牵制，使得它怎样也咬不到我。这种方式产生的学习，对狗狗来说，称为习惯学习。我们复习一下：习惯就是重复地接触某个刺激，直到狗狗不再对那个刺激产生反应。

在这种学习中，狗狗得到的奖励是什么？就是一种"认知"，这种认知就是"什么都没有发生"。所以就一直帮狗狗擦脚，不断重复直到它认知上认定"擦脚——什么都没有发生"。无论它怎样想要咬您或是有什么举动，我们只要控制好狗狗，不要有其他的反应，继续擦它的脚，只有在狗狗没有反应的时候，您可以夸赞它。这样持续操作，就会让狗狗慢慢地习惯您帮它擦脚，即使它还是有不悦的表情，它的心里也只会是"快点擦完！好吗？"

对于大型犬，您也是可以这样做，但是您必须很确认您有办法用牵绳管控好狗狗，否则它的攻击只要一成功，您可能就会受到很大的伤害，那不是一个矫正过程里可以允许发生的悲剧，所以您一定要确认。如果您无法确认，请改用别种方式来处理。

除了上述的方法，我们还可以运用减敏（Desensitization）的方法，让狗狗接受擦脚。

首先先确认狗狗可以接受您触碰什么部位，如果您的狗狗是君

狗狗：Q 比
主人：陈霖慧

王地位的问题，哪里都不可以碰，请您先做"坐下等待所有它想要的一切"（Sit For Everything）的训练，无论要做什么，狗狗都必须先坐下来等您。

开始前，先找出狗狗的最爱是什么。食物？玩具？假如它喜欢的是玩球，而它只能接受您碰触到肘部，那么现在开始，您没事的时候就握着它的肘部，同时顺着往下移动，然后非常快速地把手拿开，再把它最爱的球扔给它玩。反复这样的操作，直到它期望您去碰触它的肘部时，您可以开始往下一点点，同样的，每次拉起来它的脚，然后在 0.5 秒内立即拿出球来给它玩。循序渐进地慢慢移动到脚掌。

刚开始拉起脚时，只可以拉起一点点，一定要慢慢地越拉越高，但是也不可超过一只狗狗正常应有的角度。这种做法比较费时，这是减敏的做法。如果您做到一半，它仍然对您攻击，那就表示您做得太快了，需要修正。

在擦狗狗的脚时，不要等它开始生气了然后开始骂它，对它来说，擦脚会变得更可怕，因为您也变凶了；最好是在它开始生气之前，您早就准备好它喜欢的玩具或是零食，奖励它没有反应的行为，这比起减敏（脱敏）来得更快速，也更有效。

14 狗狗发生无故的呕吐，它怎么了呢？

这世界上没有"无故的呕吐"，只是您不知道它的原因是什么。

呕吐不是疾病，只是症状，但是呕吐的原因非常多，从单纯的肠胃疾病，到复杂的其他器官问题，都会引起呕吐。而呕吐和反流，两者是非常大的不同，需要先学会厘清。

如果您发现狗狗的呕吐物看起来像泡泡，一整坨，似乎可以整个拿起来，那个是唾液，不是呕吐，是属于反流，发病的位置在食道，最常见的是食道有异物卡住、巨食道症或是其他食道的疾病，如由重症肌无力引发的食道肌无力……而呕吐则是食物或水在进入胃里面以后，再由胃部经食道排出口外。

呕吐物有已消化或是未消化的食物、水、胃液、胆汁，甚至有血液。我们来看看这几种状况吧。

当狗狗呕吐以后又马上把呕吐物吃回去，然后继续生活，什么事也没有，您可以考虑它可能只是单纯的生理性呕吐。

狗狗虽然不是反刍兽，但是当狗狗生了小孩后，它去外面狩猎到的食物，它会尽量多吃一点，然后回到窝里把食物吐出来给自己的小孩吃，它们有轻松呕吐的能力，不必太担心。

还有一种呕吐，大多数发生在早上还没有进食之前，会吐出黄黄的液体，那是胆汁，医学上有一个称为"胆汁呕吐症候群"的疾病，这种呕吐发生以后，狗狗一样会吃，除了呕吐那一次以外，狗狗整天都很正常。

只要呕吐之后就失去了食欲，这种呕吐的原因就很多了。如简单的胃炎、慢性胃溃疡、急性胃炎、幽门杆菌性胃炎、急性胃溃疡、肠套叠、肠道异物、中毒、慢性肝病、急性肾脏损伤、慢性肾脏损伤、

肾衰竭、急性胰腺炎、糖尿病、尿毒症、肠道肿瘤、胆囊黏液样囊肿、急性胆囊炎、胆石症、子宫蓄脓……

我们可以通过呕吐物来看看那代表着什么。看到黄黄绿绿的颜色，那是胆汁；如果胃出血，而出血缓慢如溃疡的出血，血液会被胃的盐酸消化而呈现黑色或是深咖啡色，如果出血量多一些，可能偏向深咖啡色，呕吐物有时候也可以看到血丝，那是因为刚出血还没来得及接触到胃酸就被吐出来了，但是出血量越大，呕吐物的血就会越鲜红，您很容易就能区别。

应对秘诀

如果狗狗生理性呕吐以及胆汁呕吐症候群的频率过高了，比如说每周都发生一两次，甚至越来越频繁，最好还是送它就医。我们通过内视镜检查最常见到的是慢性胃炎以及慢性溃疡。

如果呕吐物的颜色出现了黄黄绿绿的胆汁，而且呕吐之后狗狗的食欲降低，不要犹豫，请送它就医。

如果呕吐物的颜色出现了血液，无论是什么颜色，都需要就医检查。如果出血的量大，您需要立即带狗狗就医，不可以拖延。

呕吐的原因太多太多了，需要通过医生的临床检查，帮您先厘清发生问题的是属于哪一个系统，如消化系统、内分泌系统、泌尿系统等，然后再找出发病的位置，如胃十二指肠交接处，或是肾脏的肾盂……再依照医师的判断来决定该挑选的检查项目，这样才不会浪费医疗资源，也可以比较快速找到真正的病因。

呕吐不是疾病，但却是一些严重疾病的征兆之一，请认真地看待呕吐吧！

15 有些训练不让狗狗闻地上，这样剥夺狗狗喜欢到处嗅闻的乐趣，是正确的吗？

狗狗会嗅闻、会听、会看，但是这些感官的使用有一定的目的及意义。这些感官的使用，除了让它可以行走或是避开危险，还有一个重要的功能就是沟通。

嗅觉是用在同一空间但是不同时间的沟通，可以知道哪一只狗狗多久前经过这里，是不是在发情中。视觉是同一个时间空间的沟通，听觉是同时间但是不同空间的沟通，这些沟通的目的，就是生存以及繁衍后代。现在的养狗环境，狗狗必须融入人类的社会，甚至为了避免流浪狗产生的可能，都鼓励节育，为了人类的生活也期望狗狗在都市里面不要乱叫，而为了达成这些，就需要执行"社会化"。

如果您无法认同其中的任何一点，恐怕不应该饲养狗狗。虽然我们为了尊重人类的社会而让狗狗社会化，但其实研究也发现，狗狗真正需要的是人类的朋友，而不是其他的狗狗朋友，那些所谓的朋友都只是磨炼狩猎技巧，并且互相竞争的对手，或许有些仍然可以和平共处，但是多数很容易引发狗狗彼此之间的攻击行为。

当人类开始跟狗狗共存后，更多的研究一直在进行。现在研究也发现狗狗和主人的关系就如同小孩和妈妈的关系，它们这辈子最需要的就是人类的朋友。可是最大的问题在于狗狗需要被领导，否则它会不知所措。

往往在生活之中，如果有个人不会领导狗狗，狗狗就会自己当起领导者，它会保护好和您共处的每一块领土，包括去散步的时候也要领着您，保护好您，这就意味着狗狗需要每天运用它的嗅觉来看看谁来过附近、运用视觉来发现靠近的狗狗或是猎物、用听觉去判断对方的距离是越来越近还是越来越远。如果您会领导狗狗，这些事它都

不会做，因为没有必要性，除了交配需求，它是不需要管那么多的。

　　当您学会领导狗狗的生活，您的狗狗会活得更安心也更开心，同时对您也更崇拜，您提供了它良好的食物，保护它的生活范围，保护它的健康，而它只需要平平安安地跟着您，有吃有喝有玩的。它最爱的就是您，而不是外面的其他动物，最爱的也是人类和它一同玩的游戏。也就是因为这个特点，我们让狗狗帮人类做了好多事，比如说，狗狗会帮忙搜救、狗狗会找尸体、会导盲、会找出病人的肿瘤……这一切的一切，不是像有些人误解训练缉毒犬就要喂它毒品，那是污蔑训练师的谣言。狗狗做的这一切，对它来说就是它最喜爱的游戏而已。找尸体吗？对的，找到尸体时，主人会拿出它最爱玩的球跟它玩，这才是训练狗狗的正确方法。

　　为什么狗狗要帮助人类？其实是因为狗狗的天性就是爱人，而我们把它的工作变成它的游戏的前戏。它为了可以玩球，就会很开心、很快速地把尸体找到。而玩球为什么能让狗狗疯狂到愿意工作呢？就只是因为狗狗喜欢看到主人和它玩球的快乐样子。所以我们称赞狗狗玩球，它为了让人类开心而非常乐意地执行我们叫它去做的工作。

　　当您开始体会到这一点以后，您就会理解为何当个好主人比什么都来得重要，因为您才能让狗狗从心理层面真正地开心幸福以及满足。而嗅闻地面等，那都不是重点！

　　有些训练让狗狗不要嗅闻地面，那只是训练在"某些时候"，而不是任何时候，在它去上厕所的时候，也是会让它嗅闻的。而不让狗狗嗅闻，对狗狗来说根本不是失去乐趣，主人不懂得如何跟自己的狗狗玩游戏，那才是真正让狗狗痛苦的事。

　　如果您很喜欢狗狗嗅闻，您也可以参加课程，教导狗狗真正地运用鼻子嗅闻，那不是随便乱闻，而是类似缉毒犬一般，我们可以教导它帮我们闻一些特定的东西，比如说您的手机或是钥匙，但是让它开心的并不是嗅闻这件事，而是找到东西后您显露出的快乐，以及它可以和您一起玩的游戏。

　　所以，教导狗狗平时散步不要闻地面，是剥夺它的乐趣吗？

　　关于这一点，恐怕您还需要再思考思考了！

应对秘诀

　　您可以相信专业的建议，您也可以慢慢摸索或是坚持己见。

　　不让狗狗嗅闻的训练，最大目的是为了避免它在路上随意捡拾地上有毒的食物，而除了在那一段路上牵上牵绳不让狗狗有机会嗅闻之外，在上厕所及平日的生活中，并没有限制狗狗，每当您在外面吃了东西回家时，它也会从您的身上闻到您吃过的东西的味道。

　　不要因为反对而反对，当您真正上过课以后，您就不会这样想了。

另外，如果您坚持这是剥夺狗狗的乐趣，那么您可以利用它的乐趣来帮您做事吗？答案是否定的。所以到底是乐趣还是什么？

正规的训练完全是奖励式的教育，没有胁迫没有要求，只是鼓励，包括您所认为的不嗅闻地面。

如果您发现不是运用正加强的方式来教导的，那已经不是剥夺它的乐趣与否的问题，而是有没有过度处罚、体罚或是虐待狗的问题了。

16 如何有效防止狗狗在路上磨蹭死老鼠或是粪便?

　　狗狗的原始行为是通过狩猎掠夺来获得食物,同时运用嗅觉、视觉以及听觉来沟通彼此。对狗狗来说,您每天外出觅食,也就等于每天在外面狩猎一般,它看着您每天炫耀自己猎回来的猎物,有炸鸡、牛排、臭豆腐、烧烤、香肠、生鱼片等,因此狗狗对您是非常崇拜的,但是它天生的狩猎行为在您的家中是缺乏发挥空间的。

　　当有一天它在草丛中看到一只死老鼠,它就会扑过去用自己的背部死命地磨蹭死老鼠,除了把自己的气味抹在老鼠身上,对未来即将经过这只老鼠的狗狗宣告,这是它打的猎物,同时把老鼠的气味抹在自己的身上,跑来告诉您:"您看!我杀了一只老鼠!"这种炫耀意味浓厚的行为,不但告诉您它也是很厉害、很有用的,也满足了部分的狩猎行为。

　　当您看到它带着死老鼠的味道回来时,您会给它非常大的关注,就算这个关注是"处罚",但是对于狗狗来说,您还是加强了行为。即便是处罚,您处罚的是什么?是它不可以把死老鼠的味道抹在身上吗?不是的,它可能以为"是不是我跑得太慢了?"或是"是不是没把老鼠带回来,您不开心了?"您永远不知道您处罚了什么,往往反而增强了行为,导致它未来看到死老鼠,会更快速地跑去磨蹭。

应对秘诀

　　① 管理:牵好牵绳,避开这些东西,等于没有问题,这是最快的方式,但是多数主人认为那是不可能的,因为主人喜欢把狗放开让它奔跑。您如果想要马儿跑又想要马儿不吃草,那绝对不可能,倘若无法或是不愿意用管理的方式,那么请运用第二种方法。

②第二种方法就是在远远看到老鼠尸体的时候，您要比狗狗还要快地飞奔到老鼠的尸体前，快速地把老鼠捡起来，或是把味道抹在自己的身上，然后露出得意的表情跟您的狗狗炫耀："你太晚了，这是我打的。"

③您也可以牵着牵绳巡视整个草地，确认有没有死老鼠等物，如果有就先移除，确认没有了才放开牵绳让狗狗奔跑。

④行为矫正：您必须配合以下全部内容。先上 PME 训练课程，满足狗狗的运动需求。如果仍然会磨蹭死老鼠，运用行为模式训练的方式，先要教导狗狗玩玩具，让它爱上和主人一起玩玩具的游戏；接下来再教导狗狗，看到死老鼠的时候转而去做另外一件事（运用反制约的方式），这样可以有效地解决问题。但是在这四个方法中，这个最费时、最花钱。前面的做法让狗狗没有机会，这个做法让狗狗没有想法，但是结果都一样，狗狗都不会再去磨蹭死老鼠。

17 家里有两只狗狗，目前会对我妈妈吼叫，有时还会追过去甚至要咬，该怎么改善呢？

状况详述：家有两只狗，大的两岁，小的一岁半，目前会对我妈妈吼叫，有时还会追过去，甚至要咬，试过了几种改善方法：①由妈妈喂食晚餐，但是小的不肯吃。②妈妈一出现就口头赞美。③如果吼叫就丢物品。④以低吼声及命令要求停止。我白天上班时，它会躲在角落无互动，也不会吼叫。

我在诊断行为问题的时候，看到的陈述都是狗狗怎么了，但是却看不到妈妈怎么了。人总是会看到别人的错误，却看不到自己的问题。

狗狗不是傻子，也不会说谎，如果妈妈很爱狗狗也不会打骂狗狗，没有狗狗会这样吼叫，甚至追过去作势咬人或吓人。这说明了什么呢？妈妈并不爱它们，而且它们也很清楚。

面对狗狗时，请不要用假爱来对待，狗狗不是傻瓜。

从养狗之初，妈妈是如何对待狗狗的？主人没有交代。但是狗狗跟我说了，那是一个不平等、不友善的对待，所以狗狗不喜欢她，也希望她不要再度伤害它们。狗狗那些对妈妈所做的一切，恐怕还不如妈妈对它们做过的一切。

如果妈妈真的一点都没有凶过狗狗——也许妈妈会这样告诉您——但是狗狗不会无缘无故对着同住一个屋檐下的人不友善，除非对方先不友善。如果狗狗的不友善反应可以解决它认为的困境时，这种不友善的行为就会越来越严重了。

由妈妈喂食晚餐，原本的概念是要狗狗开始相信妈妈，但是您想想，让一个黑社会的人喂您晚餐——白天由您喜欢的人给您早餐，

唯独晚餐让黑社会老大喂您吃——您吃还是不吃？胆小一点的宁可饿一餐保持距离，谁知道对方安的是什么心眼。

　　而妈妈一出现就口头称赞，这看似有关联性的奖励，但妈妈一出现的时候，狗狗的态度是什么？开心？防备？准备冲出去咬人？您是否清楚这时候您的称赞到底称赞了哪一点？恐怕只有狗狗知道。

　　如果狗狗一吼叫就丢东西去吓它，这是运用正处罚。正处罚的意义是：加上一个狗狗讨厌的东西让行为减少。但是您却忽略了很重要的一件事，这个东西能够把狗狗吓到什么程度。如果处罚不够强烈，不但无效，反而会让狗狗逐渐适应处罚。同时您需要思考一件事，当狗狗的情绪是因为害怕而吼叫时，您扔出去的东西会让狗狗吓一跳。

　　您的思维是要狗狗知道吼叫会带来不舒服的感觉，但是您却没注意到，每当妈妈出现让狗狗害怕的时候，它为了保护自己开始吼叫驱离对方，结果掉下来一个东西吓到它，它就会觉得妈妈很可怕，妈妈的出现会带来可怕的东西，进而加重了狗狗对妈妈的害怕程度，所以未来的吼叫会更剧烈。

　　主人以低吼声来制止狗狗的吼叫，这也是一种正处罚，建议您回头去看看有关处罚会导致的结果。

　　这个处罚来自于狗狗的主人，在那当下，狗狗或许因为害怕而

暂停了。但是那一瞬间，它也得到了主人最大的关注，除了实质上的言语社交接触，还可能有实质的肢体社交接触。这不但无法让行为减少，反而会增强了行为，以至于无论主人做了这四项改善方法的某一部分或是全部，问题不但依然存在，吠叫低吼以及冲出去作势咬人、驱赶妈妈的行为反而更常发生，强度也会逐渐增强。

应对秘诀

在解决问题之前，要先看看问题发生多久了。如果狗狗这样的问题发生得越久，代表着狗狗练习这种技巧的时间越长，想要解决问题的时间也就会越长，甚至可能永远无法去除。但是这个案例比较简单，因为攻击的对象是自己的家人。

首先，妈妈需要改变心态开始去爱狗狗，如果这一点都做不到，建议您管理好自己的狗狗，在家中限制狗狗只能在某一些区域活动，不要让它们有机会伤害到妈妈。

让妈妈喂养这两只狗狗，从每天的食物、水、上厕所、洗澡梳毛到把屎把尿等，完全交给妈妈，您从此与狗狗完全无关也完全没有互动，也就是在家中狗狗来找您，您就离开，没有任何社交，这也包含了眼神的接触，基本上就是无视狗狗的存在。

狗狗会有非常多的需求要仰赖主人，它不会拿钱去买吃的，更

不会拿钥匙开门出去，这些全部交给妈妈做，其中也包含了和狗狗的游戏。这样的生活只需要经过1周左右，最多不会超过5周，您的狗狗就会和妈妈产生良好的关系，等您看到这层关系出现之后，您才能再度和狗狗有互动。

为了避免问题突然再度出现，仍然要让妈妈喂食。在妈妈出现而狗狗没有任何反应的时候，您要立即称赞狗狗，让它知道原来您也希望它喜欢妈妈而不是像以前那样。

这个过程中，狗狗会有一丝丝的犹豫，或是说不确定性，因为有您的存在时，它以为您希望它对妈妈低吼甚至冲过去，现在突然变了，所以会出现一点点矛盾以及冲突的情绪，它会测试您的反应。

如果它又冲出去了，让您的妈妈在原地不动，眼睛不要看狗狗，同时在狗狗准备冲出去的"前驱期"，您立即离开现场，摔门进到自己的房内或是出去外面，等狗狗没有反应并且安定了两分钟以后，让您的妈妈打电话叫您回来，回来后对狗狗要无动于衷。

如果它看到妈妈时没有任何反应，请您和您的妈妈一起开心地称赞它、抚摸它，甚至拿出它最喜爱的食物或是玩具，给它吃或陪它玩，狗狗与您和妈妈之间，就只剩下爱而没有仇恨了。

18 狗狗知道咬袜子是不对的，不过还是会偷偷去咬，被发现后会立刻逃走，就是改不了这个坏习惯，该怎么办呢？

　　人总是喜欢用自己的眼光来看待狗狗。为什么咬袜子是不对的？您懂狗狗的语言吗？如果不懂，您又是如何告诉狗狗什么是对的，什么是错的？

　　狗狗的天性是不愿意犯错误的，它的学习主要也是仰赖"尝试错误的学习"，但是这种尝试错误并不是真的错误，而是尝试以后发现是错的，就会修正，不要再犯错。为什么人会觉得狗狗改不了这个习惯？因为狗狗不认为那是错的！

　　人类习惯使用充满责备对方、宽恕自己的语言来陈述事情，但是人类忘记了每一句话的背后其实都有意义。当主人发现后，狗狗会立刻逃走，这已经说明了在您和善的语言文字背后，早就不知道有多少的处罚以及体罚了。狗狗看到您出现了，您那个态度、那个样貌就是要揍它的德行，不跑走躲起来只是站在原地等挨揍，那是二（傻的意思），脑袋瓜坏掉了才会做的。

　　正常的狗狗一定先逃跑，跑得越快就代表您处罚得越凶。而偷偷去咬，就代表咬袜子对狗狗来说是多么重要的游戏，如果在您面前咬袜子，不但咬不了几秒钟，还可能挨揍，当然要躲起来做，但在人的眼中就是"偷偷去咬"。

　　这样的一只狗，平时的生活到底是怎么过的呢？在您家里夹缝中求生存，您到底提供了狗狗什么样的生活呢？狗狗有合适的玩具以及游戏吗？或许您买了很多的玩具给它，但是它玩一玩发现那些都是"死"的，没有乐趣，而什么玩具是活的？就是袜子！您看看，当它去咬袜子的时候，您会冲出来对着它吼叫。一开始的时候它也不

懂，但是您那么关注，甚至会拉扯袜子跟它玩，它以为那袜子是"活"的，所以它会把目光都放在袜子上。慢慢地，您发现了它爱咬袜子，有时候看着它咬着袜子，您冲去抢，狗狗叼着跑，您一边追一边喊，狗狗觉得好玩极了，这世上还有什么比咬袜子更好玩的游戏呢？连主人都一起玩了呀！

当您受不了这样的模式后，但又找不到解决的方法，只好使用处罚，一个让您自己觉得起码做了点什么、一个让您自己觉得稍微好过一点的方法。但是，这不但没有效果，反而产生了另外一个行为，就是"被发现后立刻逃走"，一切的一切和您心里所想的完全不一样。

应对秘诀

同样的，最快的方式就是把袜子收好，不需要解决问题，单单处理问题，又快又好。

如果我让您训练一只狗狗超级爱咬袜子，恐怕您还教不出来，但是您的狗却被您不经意间教成那么爱咬袜子。找一个狗狗一开始也会喜欢的玩具，陪它玩，只要狗狗跟着您玩，就要不断地鼓励它，让它知道您喜欢和它玩这个，当狗狗拉扯玩具的时候，一定要好好地奖励它。

平时把家里的所有玩具收好，每天跟狗狗玩这个玩具游戏起码两三次，每次最少 20 分钟。

在您看到狗狗咬袜子时，不用理会，就让它咬，然后把平时您和它玩的玩具拿出来自己玩，当它放掉袜子跑来跟您玩的时候，一定要开心地称赞它。这样的模式操作一段时间以后，记得再买一个会发出声音的玩具，当您没空的时候，就给它那个会叫的玩具，只要您一有空，就把原来训练它玩的玩具拿出来跟它玩。您完全不用管袜子的事，只要狗狗爱上跟您玩的游戏之后，它压根儿都不会想要咬袜子。如此而已！

万一您的狗狗不愿意跟您玩玩具，那就表示您和狗狗之间的感情太浅，需要慢慢培养，或是您的脸部表情太臭太狰狞，狗狗会害怕，不知道何时您又会无预警地揍它，所以它会小心翼翼地看着您却不愿意玩。那么您的问题就不是咬袜子的问题，而是狗对您的信赖问题了，您需要常常开心地跟狗狗相处，让它看懂您开心的表情，然后记得用这个表情跟狗狗玩玩具。

玩具，不是买来扔在地上给狗狗，而是您和狗狗之间的共同游戏及关系建立的媒介物，平时一定要收好，每天挑选时间拿出来玩，狗狗会很开心有您这样的主人。

19 从来都不会咬人的狗狗，忽然狠狠地咬了我一口，之后又露出很抱歉的眼神，它是怎么了呢？

状况详述：我的狗狗从来都不会咬人，更不可能会咬我，但是有一天早上起床后，我要去摸它抱它时，它狠狠地咬了我一口，之后又露出很抱歉的眼神，它是怎么了呢？

一只狗狗如果真的完全不会咬人，一夕之间就变了另外一个样子，那一定是身体出了问题，感觉到疼痛不舒服，而您刚好摸到了痛处，或是您移动它的身体导致它产生疼痛，因为疼痛而产生的疼痛攻击行为（Pain Aggression）。

平时狗狗有一点疼痛的时候，如果可以忍着，它们就一定会忍着，因为在自然界中，狗狗会隐藏疼痛，避免其他动物发现自己的弱点，成为掠夺者的食物，或是成为同类之间最无法取得资源的狗狗。

最常见的问题就是老狗的关节退化，髋关节退化以及椎间盘突出等问题导致的慢性痛，这类疼痛隐隐地存在着，但是有时候因为不当地使用关节，比如说前一晚运动量过度，或是运动时跳跃拉扯到韧带，或是落地时角度不好导致受伤，在隔天起床痛感最明显时，您的触碰让它难以忍受，所以咬了您一口，希望您不要去碰触。那一瞬间它连自己是谁都没空想了，只是本能地保护自己，事后它也觉得不可以咬您，所以会出现抱歉的表情，或者出现您责骂处罚狗狗时狗狗出现的那种表情，那不是不好意思的表情，而是对您示好、臣服于您的表情。

应对秘诀

发现这样的情况时，您需要立即带它去动物医院检查，看看是什么样的状况，可能需要药物来控制，也可能需要配合一些方法来复健或是保养。这不是行为问题，而是生理上的疼痛所引发的问题。

　　看医生吧，不要拖！

20 狗狗是否能看得到鬼？

状况详述：我家的狗狗好像会看到我们看不到的东西，有时候它会突然躲开或是看着天花板，可是上面什么都没有啊……为什么会这样呢？

狗狗看得到电视吗？看得到，但是有没有意义那才是重点。狗看得到鬼吗？我不知道，因为我不是狗，但是我认为狗狗是看不到，否则，胆小的狗狗晚上应该特别害怕，但是似乎没有。

如果您发现狗狗好像看得到鬼，那并不是因为狗狗真的看到什么，而是狗狗出现了幻觉或是幻听。

狗狗如果出现压力的时候，会出现很多种不同的表现，比如说转向行为、真空活动、替换行为、幻觉、幻听、刻板行为或是强迫症……而案例中的行为就是幻觉幻听的问题，它会在家中好像看到假想敌一般，突然跳开，或是避开它行走，或是看着天花板，眼神追踪着您看不到但是好像它看得到的东西，也有些狗狗会看着墙壁发呆。多数的人总是习惯把这些已经科学证实的疾病，当作狗狗具有特异功能一般的思考着，其实这就只是单纯的幻觉或是幻听。

至于这些问题的产生，和生活中的压力有非常大的关系。到底是什么样的压力导致的？恐怕只有主人和狗狗知道。

压力会因为刺激不足、行程表或是作息的改变、不持续或是不正确的训练、害怕、焦虑、冲突、不当的处罚、家庭的改变（如搬家）、家中的成员增加或是减少、家中成员的行为或是健康的改变、害怕或是焦虑的情况不断地反复出现，或是频率以及密度的增加，或是其他的冲突或挫折等而产生。怎样去除狗狗的压力，才是真正解决幻觉或是幻听的方法。

　　当自己的狗狗出现了幻觉，可能看着天花板，也可能看着墙壁发呆，或是走路走到一半突然跳开，千万不要再让它产生更复杂的问题。大多数的主人没见过这种状况，一旦看到狗狗这样了，就会去嘘寒问暖，这样的行为会增强狗狗幻觉的表现，无论原本的症状是什么，因为主人的关注，就会导致狗狗未来更会重复这个行为。

　　我们常见到原本单纯的轻微幻听或是幻觉的病患，因为主人一直跟着狗狗在找"假想敌"，最后导致狗狗更严重的学习行为，无论有没有幻觉，狗狗都会让您觉得它看到了什么！

应对秘诀

　　首先，无论您的个性如何，先平常心以待，不要去嘘寒问暖，不要去在意。您可以知道这件事，因为这是个问题，但是您可以把问题圈在框框里，不要扩大问题，所以第一步就是忽略！

　　接下来，检视您自己的生活作息以及您提供给狗狗的生活作息，是否哪里改变了？狗狗是不是不太能够接受？有没有别的替代方法？如果可以找到源头，您只需要改变回来，问题大多数会自己消失。

　　如果没办法清楚地找到根本的原因时，就需要运用行为矫正来处理这个问题，包括以下技巧。

　　① 多陪伴：多花一些时间在狗狗身上，不要只是存在的那种陪伴，而是真真实实的陪伴。

　　② 笼内训练：让它喜欢待在里面，有事没事就会往笼子里面跑。

　　③ 转移注意力：不是通过叫它来终止它的行为，而是运用转移注意的方式。不要叫狗或是看狗，只是让狗狗好奇，主动来看您在干什么，这时候它自然就会放弃原本的行为了。

　　④ 增加有氧运动：如 PME 心智体能训练，这是一个非常适合的

有氧运动。

⑤增加良好的行为：针对它所有良好的行为，我们努力地奖励它，它越会重复这些良好的行为，相对地，一天内，因为做了太多良好的行为，一方面是狗狗也会疲劳，另一方面会让狗狗不假思索地执行我们奖励过的行为，因而幻觉幻听的行为就会越来越不明显了。

⑥脱敏（Desensitization）以及反制约（Counter-Conditioning）："脱敏"是先让它慢慢接触小的刺激，等它适应以后，逐步加大刺激力度。这种逐步改变狗狗行为的方式就称为脱敏，也就是去除它的敏感度。而反制约的运用，请先复习前面有关"狗狗的六种学习方式"里提到的"经典条件反射"，看完后再回来看这一段。大致上的概念是以适应性的反应来代替不适应的反应。举例来说，如果酒是 CS，那么饮酒就是 CR，我们拿一种引起呕吐的药物当作 UCS，引起的呕吐就是 UCR。然后把药放在酒里面，也就是 UCS + CS 同时存在，结果产生了饮酒以及呕吐（CR + UCR）。配对数次之后，只要给酒，就会引起呕吐反应。这时候酒仍然是 CS，而呕吐就变成了 CR。所以 CS → CR（喝酒引起呕吐），这就是反制约法。这些操作需要专业且熟练的训练师协助。

这些技巧常常会运用在一些行为问题的处理上，即便是因为压力引发的行为问题，但是有些问题出现了自残行为，我们就可以运用

这些技巧，巧妙地转移狗狗去执行另外一个我们比较希望看到的行为。

⑦ 有些严重的问题，恐怕单靠行为矫正并没有办法让狗狗恢复正常，有些需要药物的治疗，但是这些都需要在确实诊断后才决定的，并且需要寻求专业动物医师的协助。

21 我上过行为课，有人说不要每次狗狗做对都奖励它，不然不会听话，真的是这样吗？

奖励狗狗，要在行为发生后的 0.5 秒内完成，最好是在 0.2 秒内，效果更是卓越。只要结果是好的，该行为就会不断地重复，这是训练狗狗的一个基本概念。比如说，您说"坐下"，狗狗一坐下，在它坐下的那一瞬间，也就是 0.5 秒内，立即奖励狗狗，会让狗狗越来越会坐下。

但是更深入去研究后您会发现，狗狗聪明且快速地发现您的定律，它会开始预期您什么时候会要它坐下，而且预期到您会给它什么奖励，慢慢地，狗狗会自己判断决定这一次要不要理您，虽然您教会了它"坐下"，却也教会了狗狗视情况来决定要不要坐下。这类型的奖励称为固定频率时间表（Fixed-ratio schedules）。

我们先来看看四种局部增强的时程表。

（1）固定频率时间表（Fixed-ratio schedules）

行为反应只有在特定次数的反应后才会被增强。比如说您教狗狗坐下，每次坐下后都奖励它坐下的行为，或是 3 次坐下后才奖励它的行为。

（2）变动频率时间表（Variable-ratio schedules）

行为反应只有在无法预测的次数反应后才会被增强。比如说您要狗狗坐下，第一次就得到奖励，然后它又依照您的要求坐下 3 次才得到奖励，后来坐下 2 次得到奖励，没有固定的频率。最能描述这类时间表的就是"赌博"，赌博就是利用这类原理让人不断去赌的。

（3）固定间隔时间表（Fixed-interval schedules）

行为的第一个反应，只有在特定时间以后会被增强。比如说狗狗坐下后要等待 5 秒才得到奖励，每一次的坐下都是在 5 秒后得到

狗狗：Buddy（巴迪）
主人：靖纹

奖励。

（4）变动间隔时间表（Variable-interval schedules）

行为的反应，在无法预测的时间后才被增强。比如说狗狗坐下后等了 8 秒得到奖励，下一次坐下马上得到奖励，后来坐下 3 秒后得到奖励，被奖励的时间并没有固定的间隔。

如果您要让狗狗执行某一个行为，却又要求它每一次都一定会执行，那么就要好好地运用这四种理论时间表，才能让行为的重复性变得非常强。

🔽 应对秘诀 🔽

或许对于一个没有学过行为的人来说，看懂这四个时间表会有点辛苦。单一看起来都不难，混合起来运用都会觉得伤脑筋。

我用一个最简单的方式来告诉您，假如以"坐下"为例子，一开始训练狗狗的时候，每一次它坐下来的 0.5 秒内，就奖励狗狗（奖励方式因狗狗的个性不同而异），连续训练一段时间，很确定它已经完成训练后（完成训练是指您每次下达一个口令后，0.5 秒内狗狗一定会执行完成，而且没有例外），改成每 3 次坐下奖励 1 次，奖励

时间从固定的 0.5 秒内，慢慢改为 0.5~2 秒给奖励。

不要固定时间，有时候 0.5 秒，有时候 2 秒，有时候 1 秒，等到训练稳定之后，再改为有时候每 3 次坐下奖励 1 次，有时候一坐下就立即奖励，有时候要等五六次的坐下才给它奖励。

这样的训练方式会让狗狗对于"坐下"的行为，永远都会很快速地执行完成。然而如果您只会在每一次坐下就立即给奖励，虽然可以教会一个动作，但是这个行为并没有办法牢固到在任何时间任何地方都可以让狗狗立即达成。

22 出门8小时，狗狗就叫8小时直到我们回来，该怎么办呢？

出门8小时，狗狗就叫8小时，我们需要看看它是属于哪一类型的吠叫。

如果狗狗的吠叫是"汪、汪、汪、汪、汪、汪、汪、汪"，这种形态的吠叫，每个汪汪叫之间的时间间隔都是一样的，唯一的不同只是在它呼吸的时候，除此之外，它的汪汪叫就是属于"太无聊"的吠叫，希望引起附近来来往往的人注意，看看有没有人发现它这一只无聊可怜的狗狗。

另一种吠叫声，如"汪汪汪汪、汪汪、汪汪汪、汪汪汪汪汪汪、汪汪、汪、汪汪汪"，它的汪汪叫每次的次数都不太一样，两声、三声、五声、八声、一声……而每次吠叫之间，都会有间隔，每次的间隔时间都不太一样。这种类型的吠叫，通常是告诉主人："我还在这里，你们出门是不是忘了带我出去？"然后观察主人的反应，或是听听有没有任何动静。最大的问题就是，这种类型的吠叫中，主人出现的时候，狗狗刚好叫了几声是没有规律的。有时候叫到第8声时主人会出现；有时候叫两声主人就出现了；有时候要叫到15声主人才会出现。这刚好符合了上一题我讲解的非固定频率的奖励，这反而更会加强吠叫行为的持续性，所以它会一直叫到主人回来。

第三种的叫法不太一样，它是因为无法独立导致的吠叫，我们称之为分离焦虑症。这种问题不是只有吠叫的问题，还伴随可能有随地大小便的行为，或是破坏家具的行为，或是喝水时把水洒得满地都是。这个问题和一般的吠叫很容易区分，它一定会等到主人回来以后，才会停止吠叫，也才愿意吃饭。

应对秘诀

如果是第一种的吠叫问题，那代表您已经虐狗了，您的狗狗就像一个生活在地下室的怨妇，无聊至极。

请您改变您的作息时间以及和狗狗互动的方式，利用 PME 心智体能训练的方式，消耗它的精力，同时增加和狗狗之间的互动，例如散步等。这既解决了它的无聊，也增加了它的生活的多变性，同时利用有氧运动消耗它多余的精力，它就不会在您离家的时候吠叫了。

如果是第二种问题，处理起来会比较麻烦，因为狗狗的学习已经是通过吠叫把您唤回，而且屡试不爽，甚至已经达到全天 8 小时的吠叫，那么您需要做很多的改变。

首先练习"坐下等待所有它想要的一切"（Sit For Everything），也就是无论它想干什么，都要先"坐下"。例如，出门前要绑上牵绳，它需要先坐下，您什么话都不可以说，尤其是唠唠叨叨的那种。为什么呢？因为问题就出在您自己的行为习惯及模式，所以您必须先改掉这一点，否则狗狗绝对学不会的。

想上车前要先坐下，要进门前先坐下，要吃饭前先坐下，勾上牵绳它也要先坐着等，万一它立马站起来，要再让它坐下。如果它都

不会坐下，那么我们哪里都不要去，在原地等它安定。总之，做好"坐下等待"，那么控制权就不会在它手上了。

当您已经彻底取得控制权以后，要开始训练狗狗放松，以及教导狗狗不要使用吠叫获得关注。只要它在平时的生活里用吠叫来引起主人的关注时，您立即在当下离开现场，让狗狗学习到"吠叫可以把主人赶走"。

我会建议在房间里安装遥控的给食器，同时安装探头以利观察。一开始的时候，使用固定频率的奖励模式，在您离开家时，开启固定频率的奖励模式，把给食器放在离大门最远的位置，最好是在房间里面。这样的训练持续几天，直到您发现狗狗已经知道每隔多久就要跑去那里等食物的时候。然后把固定频率改为变化的不固定频率的奖励模式，狗狗就会死守着给食器而放弃吠叫了。如果搭配 PME 心智体能训练课程，会更有效。

第三种的分离焦虑症，您需要寻求专业训练师的帮助。

23 狗狗吃东西总是狼吞虎咽，偏偏又贪吃、肠胃又不好，该如何纠正它的坏习惯呢？

状况详述： 我家狗狗是女生，四岁多的迷你黑色雪纳瑞，吃东西总是狼吞虎咽，没咬几下就吞下去，偏偏又十分贪吃、肠胃又不好，该如何纠正这样的坏习惯呢？

首先，每一种品种的特质都不一样，有些狗狗先天就爱吃，有些狗狗对食物的欲望相对比较低；有些狗狗本性就比较爱玩，而有些狗狗却不太热衷游戏。这些是人类培育不同品种的狗狗而产生的不同性格的结果。

虽然有这样的特质存在，一只本性没那么爱玩的狗狗，在后天的生活也可以变得很爱玩，只是相对程度上可能有差别，食欲也是一样的。

迷你雪纳瑞会挖地洞把老鼠挖出来杀死，但是不会带回家，因为原本培育时就不希望它们把这些小动物带回农人家中。所以它们都是就地解决、杀死老鼠，这是品种的特异性，也是这种狗生活中的乐趣。至于食物，它们非常喜欢吃，但是基本上不会吃那些需要被解决的有害小动物（有害的定义是以当年的农人需求而定），纯粹是猎杀游戏的乐趣，而食物则是来自农人的喂养。

猎杀有害小动物不但耗费体力，也耗费脑力，因为需要运用十足的嗅觉和听觉，才能顺利找到老鼠，然后杀死它们。在这样的生活模式之中，它们对于食物的兴趣就会很大，但是这种爱吃，仍然只是属于基因影响的一部分，而并非绝对性。

在亚洲地区，目前多数的繁殖者并没有正确的行为、医疗以及教育的概念，也并不是以培育优良品种为出发点，而是以售价及成本作为考量。一只母的雪纳瑞一胎平均可以生 4~6 只，出生后的小狗一起长大，到了离乳的时期，繁殖者总是喜欢使用一个大碗喂食。对于小狗来说，如果吃得慢就意味着会吃得比较少或是吃不够，于是它们就学会了吃快一点的习惯。这个习惯发生在离乳时期，使得狗狗产生了"印记学习"，终其一生就会对食物产生莫名的渴望，生怕吃慢了会得不到，最后连咀嚼的时间都省略，导致养迷你雪纳瑞的主人都发现，狗狗吃东西简直就是狼吞虎咽，看起来几乎都没有怎么咀嚼。

至于肠胃好不好和狼吞虎咽有没有关系？那是不一定的，如果是吃狗粮的狗狗，由于狗粮是由粉末状压成颗粒，在进入胃以后与胃液混合，会快速地化开，所以并不会因为吃得快而导致肠胃不好。反倒是有很多食物过敏的患者主人不清楚，而一直单纯地认为是肠胃不好，其实却是因为食物过敏的问题，或是这只狗狗本身的基因问题所导致的。

应对秘诀

如果以管理的方式来处理，您可以把它的碗收起来，不再使用狗碗喂食，这对狗狗来说是一种改变，不会因为看到狗碗而产生以往抢食的关联。

您可以把狗粮撒在地上，让它没办法一次吃很多颗，或是您可以刻意去做一个特大的碗，让它不容易一次吃到多数的狗粮。另外，您也可以在碗里放很多石头（不要放很小的石头，以免误食），让它吃狗粮时产生阻碍，不容易快速地解决全部的食物。

还可以在食物中加一点水，或是不加水把食物拿去冷冻，这也可以延缓它吃东西的速度。

另外，您也可以每次都让它吃到撑，吃完后仍然在狗碗里面留有狗粮，缺点是一开始狗狗会吃很多，甚至过量，但是约莫 1 周之后，

它的进食速度必定开始减缓，因为对它来说，食物已经是不虞匮乏的东西了！

对于肠胃不好的问题，建议和您的医师沟通确认是否为"食物过敏"的问题。

食物过敏的问题，是狗狗对于食物中的动物蛋白产生了过敏反应，而确诊方式非常困难。截至目前，国际公认没有办法检查出过敏原，您如果花钱做了过敏原检测，食物过敏原的部分您连参考都不需要，因为目前仍然不准确。

真正的确诊方式，是更换成单一动物蛋白来源的狗粮，吃了一段时间如果没有问题，再换回原本有问题的狗粮，看看是不是真的又开始不对劲。如果又不对劲了，请再换成单一动物蛋白来源的狗粮，若一段时间后狗狗就正常了，那么您就可以确诊它真的是"食物过敏"的问题了。至于是对什么过敏，您不一定能知道，但是您起码知道吃什么不会过敏。

请注意，吃到有过敏原的食物，产生的反应是立即性的，但是更换成无过敏的食物时，它过敏的反应及现象需要数周的时间才会消失。

24 每次出门家里就乱成一团，家具都被咬坏，越不想要它咬的东西它越爱乱咬，该怎么办？

状况详述：每次我出门无论多久，一回来家里就乱成一团，家具都被咬坏，还包括我的拖鞋、包包，越不想要它咬的东西它越爱乱咬，该怎么办？

　　破坏家具的行为在狗狗的行为问题中，占了很大一部分。但是在行为门诊之中，这样的案例却没有实际比例那么高，因为多数的主人都已经习惯了，或是默默地承受，宁可花钱再买鞋买包，也不愿意花一点时间或是金钱寻求协助。

　　这个问题非常好解决，只是多数的人不得其门而入而已。首先，这类不是属于分离焦虑症，而是狗狗很常见的破坏家具行为。

　　为什么会发生破坏家具的行为？当狗狗和您生活在一起，您知道它的快乐在哪里吗？它的快乐就在和您一起互动的时候。

　　有时候您在看电视或是上网，或是玩手机，狗狗无聊了，啃着您的沙发脚，一会儿您听见了，指着它的鼻子骂它不可以。对您来说，您制止了行为，对于狗狗来说，啃沙发引起您的注意，未来它想要玩游戏的时候，就会啃沙发来引起您的注意。

　　不是只有沙发，有时候当您外出的时候，它在家中无聊了，或许刚好拿起您的鞋子啃咬，偏偏这个时候您进来了，它又误解了，原来咬您的鞋子可以把您叫回来。这样的情况在您的生活里会不断地重演，最后的结果，您家里面只要可以咬的东西，基本上逐渐无一幸免，沙发、抱枕、拖鞋、袜子、桌脚、窗帘、椅子、手机、鞋柜、地毯……任何东西都有可能。这些行为的综合原因，就是当您一离开家的时候，您的狗狗渴望把您叫回来跟它一起玩耍，所以它开始尝试每一样东

西，咬了一会儿再仔细听听您回来了没有。如果没有，它会想着"我想起来了，上次啃您的拖鞋时，您出现了"，所以它就跑去啃拖鞋，啃了一会儿，再观察看看您回来了没有。还是没有，那再换下一个。

这样反反复复来来回回地寻觅把您叫回来的方法，最后若是正在啃咬地毯时，您出现了，它会觉得下次先啃地毯吧！还有一个特点，在您回家的时候，您的狗狗的表情，一点歉意都没有，因为它很得意把您叫回来了。

您如果还记得第21题的内容，您就会发现，您每次回来的时间不定，属于变动频率时间表，以及变动间隔时间表，所以您的狗狗就越来越会啃咬这些东西，这个行为就会固化得非常严实，难以去除。

应对秘诀

有这种问题的狗狗已经产生了"热爱"，所以您要它不再咬，可以把每一样东西都收好，把狗狗限制在特定房间，提供它更丰富的生活，这样可以避免。但是事实上，基本的需求没有满足，并不容易立即改变。丰富生活让狗狗不要破坏家具，您还必须通过PME心智体能训练，耗损它足量的精力，同时教导它正确的游戏方式，这样才会有实质的效果。

或者您也可以不改变原本的模式，用一样的模式，只是换个角度，马上就可以见效。

去买两种玩具，一种是咬下去会发出声音的，另外一种是可以和狗狗一起玩拉扯的。

平常先跟狗狗玩拉扯，出门的时候故意把这个拉扯的玩具收到很容易被它拿到的地方，当您回到家看到它把玩具拿出来了，就把玩具当成被咬的拖鞋——我知道你们通常都会拿着拖鞋、指着拖鞋，对着狗狗骂，告诉它不准咬这个——您要一样对待，拿着玩具、指着玩具，对着狗狗骂，告诉它不准咬这个，然后再把玩具收到很容易被找到、拿到的地方。

当您平时没空跟狗狗玩的时候，就给它会发出声音的玩具，无论怎么玩都不要理它，因为您不是没空嘛！而有空的时候，就把那个玩具拿出来跟它玩，这样的模式就等于告诉狗狗，那个玩具可以把主人叫回来。所以当您一出门，狗狗就会开始想，咬什么可以把您叫回来？就是那个玩具！所以您也要一直装下去，每次回到家只要看到玩具被拿出来了，就要拿着玩具，对着狗狗骂，告诉它不准咬这个。

有些狗狗对玩具的欲望没那么大，那么很简单，买一根真正的骨头，把里面的骨髓煮掉，骨头的大小要比它的脸还要长，而且是不容易被咬断的粗细，然后放入一片芝士片拿去微波炉加热。把这个骨头当成玩具，藏在它很容易拿到的地方，它一定会偷出来啃，但是只闻得到香味却吃不到，因为芝士熔解、黏在骨头的骨髓洞里，它偷出来啃了半天也吃不了。等到您回来的时候，记得拿起这根骨头，并且指着骨头，对着狗狗骂它，告诉它不准咬这个骨头。我跟您保证，每一次您出门，它一定会偷这根骨头，您的家具就全部安全了。

25 为什么狗狗老是喜欢翻垃圾桶，不管怎么教怎么打都没有用？

我相信您可能买过彩票，或是去过拉斯维加斯或澳门的赌场，小玩一下老虎机，您花钱玩的是什么？是一个希望。对于狗狗来说，垃圾桶里藏着它的希望，您常常会把厨余扔到垃圾桶里，或许您觉得那混合的厨余很恶心，但是狗狗觉得那可是美味！

狗狗第一次靠近垃圾桶时，闻着里面的味道、看着您的反应，但您可能根本不在现场。它翻起了垃圾桶，吃掉里面的"食物"，心里充满了欢喜，就像您在垃圾桶里发现了 1000 元一般，原本也就是这样单纯而已。

您可能在它吃的当下或是之后发现了，您开始防备它、避免它吃到里面的东西，可是您运用的方法就是在它吃的时候，冲去骂它、制止它而已，本来单纯的翻垃圾桶的行为，就在您追出来骂它的一瞬间，变成另外一个问题了，狗狗得到了关注，您根本不知道在它的心里它学了什么，因为您发现的时候以及您反应的时候都不一定是一致的，往往这个时间差，常常导致了问题的产生。

狗狗可能偷吃到一半被发现，而您在那一瞬间狠狠地处罚了它。这会让它产生侥幸心理，和您赌博的心理一样：看看哪一次可以偷吃到却没有被您发现。那么，某次偷吃成功的感觉就等同于您中了大奖般的开心。这种开心的程度，会让狗狗愿意铤而走险，冒着被您处罚的风险去偷垃圾桶里的食物。

如果您总是在它正在开启垃圾桶的时候责骂它，它会越来越爱翻垃圾桶，因为翻垃圾桶可以得到您的关注。为了引起您的注意，它会想方设法去翻垃圾桶。

如果是在它翻出来后，正吃着里面的食物或是骨头时被您发现，而您追着它、想夺取它嘴里的食物，这会再衍生出另外一个问题，它发现让您追着跑比什么游戏都好玩。所以，翻垃圾桶的行为，您似乎怎样也解决不了了。

🗡 应对秘诀 🗡

一旦让狗狗翻垃圾桶成为一个模式以后，您就永远别想解决问题了。

最快的方法，就是把东西收干净，或是不要扔在那里，或是使用有盖子的垃圾桶……这是属于管理的方式。

如果您想要用行为模式来解决问题，那么您只剩下一个方法。任何的训练方式都不可能解决这个问题，如果您在垃圾桶里装上拉炮，在它翻开垃圾桶的瞬间让炮爆炸，的确可以因为对声音的厌恶反应，让狗狗几乎一辈子都不去翻垃圾桶。但是，它也可能从此再也不靠近厨房，而且在它受到惊吓的同时，周边那么多的事物，您永远不知道狗狗会关联上什么，有可能连主人或是扫帚，或是垃圾袋，或是沙发等，都可能被关联上了。虽然它不敢靠近垃圾桶了，但是它也可能变成一只畏畏缩缩的狗狗，这是爱狗的您想看到的吗？所以，请您用管理的方式处理，不要考虑行为矫正了。

另外一个可以解决问题的方法，需要仰赖狗狗爱您的程度，如果它不够爱您，这方法不会有效，如果它爱您，您的确可以试试看。

让它去翻垃圾桶，在它翻垃圾桶的同时，拿一根棍子，狠狠地对着您自己的屁股打下去，一边抽打一边喊着："都是我的错！都是我的错！"一直打到您痛得站不住，甚至皮开肉绽。每次它去翻垃圾桶，您就揍您自己，它在几次后会发现，就不想再翻了，因为每次都会让您那么痛苦，基于爱您的原则下，它一定不会再去翻垃圾桶。但是相对的，您的屁股恐怕已经开花了！（请别以为我是在开玩笑，

这些都是真实的，我在很多讲座中都讲过，通过这些告诉您狗狗有多爱您，但是并不建议您使用这么残忍对待自己的方法）

有些人会故意在垃圾桶里放一些狗狗讨厌的东西，如胡椒粉……希望它未来不要再翻，但是只要有一次您没有放，它就永远会去翻，您想一想什么是"变动频率时间表"，什么是"变动间隔时间表"。所以，不要使用这种方法，请您把东西收好，或是把垃圾桶藏在橱柜里面，运用管理的方法最快、最便宜。

26 狗狗两个月大时喜欢咬手、咬衣服，因为长牙所以没有制止，长大后一样咬，拿玩具陪它也没用，该怎么办呢？

两个月大的狗狗正在经历社会化过程，什么都不知道，什么都不懂，每个人都认为它因为长牙才会咬，其实并不是。即便它不长牙，它也一样会咬，因为那就是小狗狗探索世界的方式。

当它把您的手指头含在嘴里的时候，您觉得好玩，开心地看着它，狗狗仰着头望着您，心里想着，您喜欢我这样！好极了！未来的日子，您就永远享受狗狗咬着您的手吧！

越小的时候学习到的东西，比如说两个月大以前，就会产生"印记学习"，这种学习会让狗狗根深蒂固地认为，您喜欢它咬您的手。所以，长大后当然一样会咬，任凭您拿出食物或是玩具都一样，因为最能够引起您喜欢它的方法，就是咬您的手！

✂ 应对秘诀 ✂

从养狗之初就要考虑到未来的问题，不要总是等到问题发生了再来想办法解决问题。

一开始和狗狗相处的时候，只要它把您的手含着，您就应该立即拒绝。不需要处罚它，因为不但没有效果，反而会衍生更多问题。

您只要用不开心的样子站起来，离开狗狗、不再互动，直到它安定了两分钟以后才可以再度互动，反复来回操作，只要一下子，它就学会不使用嘴巴和人类互动了，而且这种学习又在幼年时期，刚好产生影响一辈子的印记学习，使它永远都不会咬人类的手。

万一您的狗狗已经不是幼犬了，而它也已经学会了咬人的手，那该怎么办呢？

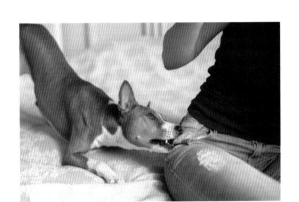

先思考一下，这个问题行为练习了多久了？如果已经八年十年了，我看您就算了，接受吧，您都已经习惯了那么多年，一下子让狗狗发现多年以来您喜欢的事怎么开始不喜欢了，它还可能会找不到方向让您喜欢它。所以，既然都忍了8年了，就继续忍下去吧。但是，如果只有两三年，那么我们回想一下"狗狗的六种学习方式"，您还记得多少？尝试错误学习还有印记学习，这两个学习在咬手的行为里面占了大部分，如果您让它一开始就做对，那么什么问题都没有，但是做错了就需要运用各种技巧来修正它的行为了。

矫正方式有很多种，我们可以运用行为模式来矫正，让狗狗压根儿都没有想要咬，所以您要教导狗狗在见到您的时候，不假思索地做另外一个行为，自然就会忘记原本咬手的行为。

比如说，找一个可以一起玩的玩具，让狗狗正在玩的时候得到您的称赞。玩具需要挑选，挑选狗狗和您一起玩的时候不会咬到您的手的玩具，游戏模式一旦建立了，它就只会咬玩具而不是您的手。虽然没有真正让行为问题不再出现，但是起码解决了您的问题。

接下来您就可以尝试使用各种不同的玩具，只要狗狗一碰到您的手，您就立即尖叫、摆臭脸、站起来走开，直到狗狗安定下来以后两分钟以上，您才可以再回来和它互动。如果您记得狗狗的"尝试错误学习"，您就会明了在几次尝试之后，它就会停止咬您的手了。

　　但是请记住，如果狗狗咬您的手的行为持续的时间很长，它仍然会偶尔咬您的手，测试您的反应，只要您偶尔有那么一两次接受了，这个行为将永远不会消失。

27 狗狗从小就有的护食问题，该如何改善？

状况详述：请问狗狗从小（约1个月时）就有的护食问题，该如何改善？或者是有什么我们没注意到的因素？它护食的情况很严重，它把碗打翻时，我若过去帮它拾起饭和碗，它会低声发怒、咆哮咬人，之前它咬了塑胶套，也因为护食情况而无法拿走。

护食的行为在很多人的眼中简直就是噩梦，有很多人通过网络学习怎样处理这种问题，最常听到的就是宣告自己是老大，以暴制暴。但是说真的，几乎来找我协助的人都说这一方法完全无效，只会让问题越来越严重。

行为问题就像人的心理问题一样，没有一个父母亲会在网上找方法解决自己小孩子的攻击行为，那些以暴制暴的父母，他们的小孩现在都是社会问题。

真的遇上问题，除了检讨自己的问题以外，就是寻求专业人士的协助。请不要一直沉溺在用网络解决问题的思维，这些谷歌（Google）、百度的重度依赖者真的要思考一下，网络只是您的参考，请正视狗狗的医疗以及行为问题，有问题还是需要找专业人士来处理。

繁殖者习惯使用一个大碗喂食一窝小狗，甚至好几窝的小狗，或是从小的喂食量不足。对于小狗来说，如果吃得慢就意味着等下会吃得比较少或是吃不够，甚至吃不到，或是对于食物有过度的保护心理，这会让两个月以下的狗狗产生了"印记学习"，一辈子都会对自己碗里的食物产生保护的行为。

护食的源头其实就只是源自于不当繁殖或是喂养过程，没有妥善地喂养幼犬，导致后来买回去的狗产生护食问题。对于狗狗的心理来说，在它的潜意识里，食物就是要保护，不然会被抢走。如果您以暴制暴，用宣告老大的方式，会产生很不好的结果。

首先，以暴制暴会让狗狗对于保护食物这件事更觉得重要，以前只是别人抢食，吃得快的有得吃，吃得慢就没有，现在不是，抢食的动物从狗变成了人类，如果不给他就会暴力相向。

您应该还记得前面提及的各种学习模式，以及狗狗的行为如何被增强，如何被固化。采用暴力，除非您的力量大到狗狗完全没有反击能力，而且一辈子您都是这样对待，那么或许会产生效果。但是这个效果却是狗狗"不敢"对着您护食，而它对您的信赖也被打破了。暴力对待会让狗狗逐渐适应暴力的强度，对于您以外的人，它护食的程度以及攻击的力道就会更大。这种暴力解决问题的手段如果成功，也只是您一个人的成功，但是却把您的家人以及狗狗打入了危险之中。

至于宣告老大的方式，多数人使用的仍然是暴力宣告。在狗狗的天性中，领导地位的取得并不是使用暴力，而是一种支配、控制或是优越地位的表现，是一种观念，是一种存在动物身体里对于资源的取用及管理的控制能力。这也可用来描述在竞争中输赢的规则，更贴切地说，并不是一种取得地位的攻击行为，而是一种不愿意做次等公民的心理状态。

对于地位高低的分配问题，对狗狗来说，地位较低的狗狗才是决定阶级分配的狗狗，并不是由地位较高的狗狗决定阶级的分配。这点在很多人的想法中刚好是相反的，真正地位高的狗狗是可以容忍和地位较低的狗狗共处的。因为打斗而显现出的领导地位是最不常见的，打斗是在没有领导者的时候才会发生的。

领导地位的攻击行为并不会因为任何一方的战胜而消失，因为还没有一个方法可以去除引发这种攻击行为的焦虑状态，所以它会不

断地运用直接或是暧昧不明的挑战，来测试社会结构以及社交环境。

　　处罚虽然可以对您的狗狗订出一种规则，但是这种规则却没有办法治疗狗狗的焦虑状态。

　　狗狗天性就是顺从人类，这种顺从的天性，还可以通过某些训练来加强。可是体罚却违背了这个原则，因为狗狗和人类的社会系统是建立在顺从上的。

　　而狗狗的领导地位攻击行为，就是对于它认定有威胁的人类运用武力，来胁迫人类顺从它。反过来看，把您当成一只狗，您运用暴力取得领导地位，这也意味着您和狗狗之间存在一种焦虑状态，那是您无法解决问题时，去除自己焦虑状态、让自己好过一点的办法，但是最终的结果，却是双输。

　　回头来看，护食行为就只是单纯的害怕食物被夺走的行为，不要因为谷歌或是百度告诉您要取得优势地位，您就乖乖地顺从了网络的建议，最终却让人和狗都落入了互不信任的深渊。

应对秘诀

　　护食问题的解决很复杂，要看护食的对象是什么。如果只是骨头，那会很简单；如果是保护碗里的食物，那就变得比较复杂了。我们来看看两类问题的快速解决法吧！

（1）保护骨头

去买一个超级大的骨头，重一点的更好，这个骨头最好外面还有一些残余的肉，让狗狗还可以吃得到。最重要的概念是，它无法悬空吃，必须配合前肢才有办法啃食。准备好一条牵绳，把牵绳钉在墙上，让狗狗可以轻松地站着、坐着，但就是不能趴下，当它站着坐着的时候，无法低头吃到地上的骨头。

然后把准备好的骨头给它。平常狗狗拿到骨头以后，您永远也碰不了它，因为它会攻击您，但是现在不一样了，骨头给了它，它含在嘴里攻击不了，而因为骨头重，或是它含在嘴里无法啃食，这样的情况下，它开始思考及犹豫该怎么办。

您什么都别做，只是坐在旁边陪它。当它拿不住骨头而骨头落到地上，或是把头放下来准备啃食的时候，您就等待；等它想尽办法捡骨头而捡不到，抬起头来看着您时，就在那一瞬间，您过去帮它把骨头捡起来给它；然后，等它一拿好骨头就松手，等待骨头再度掉到地上。同样的，它捡不到，这次它抬起头来看您的时间会比上一次短了许多，在它看您的那一瞬间称赞它，同时把地上的骨头再度捡起来给它。慢慢地，逐渐延长您松手前的时间，比如说本来给它一拿好就松手，逐渐改为让它啃两口才松手。

这样的目的只是让狗狗改变想法："原来主人的手不是抢走骨头的手，而是帮我捡骨头的手。"慢慢地，帮它扶着骨头让它啃，您可以开始轻轻地抚摸它的头，称赞它自己吃骨头同时也没有攻击您的行为。在狗狗的心里，您已经成为它心里面帮助它吃到骨头的人了。

不仅如此，请您家中的每一个人都这样训练它，我们需要狗狗明白：每一个家人都不是来抢它的骨头的，而是帮助它扶着骨头让它

吃的好朋友。

　　如果可能，也让更多的人一起来训练它。如果找不到那么多人来帮助您，起码您和您的家人都安全了。

　　（2）保护狗碗

　　对于保护碗的护食行为并不容易处理。您可以运用管理的方式，举例来说，在碗上穿一个洞，绑上一根绳子，用绳子把碗拖过来。或是以后不使用狗碗来喂食，这些都是又快又简单的处理方式。

　　如果您仍然需要用狗碗来喂食，那么请您依照下列方式来做。

　　先训练狗狗坐下，每一颗狗粮无论等级多高多低，都让它学会坐下来等待，同时望着您的眼睛，它才可以获得。您可以运用保护骨头的训练方式，把它每一餐的每一颗狗粮都撒在地上，把您的身体当做墙壁的钉子，让狗狗永远也捡不到地上的食物。同样的，我们只有在狗狗坐下来望着您的眼睛时，您才弯下腰帮它捡起地上的狗粮，一直反复做到狗狗只要看到地上的食物，就会坐下眼巴巴地望着您为止，这只是第一阶段。请同时加上指令，比如说"Look"（看）。

　　接下来，把多数的狗粮如同第一步骤那样撒在地上，把数颗狗粮放在碗里面，一样让狗狗坐下看着您时才帮它捡起来，但是到了碗这里，当狗狗坐下望着您的时候，弯下腰把碗拿起来，预先准备一个小台阶，把碗放上去让它吃完，就在它吃完的时候，让它坐下望着您，利用这时候把预藏好的零食丢一两颗到碗里面让它吃。

当您可以顺利达成以上步骤后，接下来就把绳子解开，在地上放几个空碗，把它要吃的狗粮放在您的口袋里，另外在其中一个口袋再放一些等级较高的零食，然后让狗狗自己走来走去，到了碗旁边，当它坐下来望着您，将您口袋里的狗粮撒一把进去，然后站直等它吃完。当它一吃完，下指令让它看着您，这时候您开始慢慢蹲下，不是弯下腰，而是直直地蹲下，把碗拿起来。这期间需要注意狗狗的样子，如果它开始出现护食的现象，请您不要把碗拿起来，这代表您前面的训练做得不够扎实，请回到前面的步骤重来。如果它没有反应，您慢慢地拿起碗，同时把预先准备好的零食放进碗里，再把碗放下让它吃，然后您再走到其他的碗旁边，让它跟过来，等它坐下看着您，重复刚才的方式，直到它吃饱。

当您的操作过程可以百分之一百成功，且连续1周都成功时，您可以把碗收掉，只放一个碗，您一样可以测试它的反应。在它吃完以后，下达指令让它坐好看着您，您把碗拿起来，放个好吃的零食给它，再把碗放下，最后要收碗那一次，也是一样让它坐好，把碗拿起来，用手喂它一个好吃的零食，这个训练就完成了。

由于很多狗狗的护碗行为来自印记学习，所以有可能永远不会痊愈，您必须维持它新学习来的观念，所以隔三差五就需要重复之前的训练，提醒它主人的态度不变，拿起碗来，只会让它得到更多，而不会失去一丝一毫。

有很多行为都可以运用"坐下等待所有它想要的一切"（Sit For Everything）的方式来解决，护食也是一样，不但解决护食，还教出一只会随时望着您的乖狗狗。

28 我带狗狗出门，老是叫不回来，有什么好方法吗？

唤回很难吗？一点也不，可是您永远会在户外的草地上看到主人提高了嗓门，多次嘶喊着狗狗的名字，甚至当狗狗来到面前的时候，还带着责备的眼神和语气对待狗狗。

易地而处地观察一下，狗狗好不容易到了草地上可以奔跑，听到主人的呼喊，我们就不提第一次了，狗狗的经验以及学习是什么？哪一次奔跑回到主人身边得到了什么好处？并不是说狗狗功利，但是实质上，行为很注重结果，哪一次的结果可以让狗狗愿意继续跑回来？

当结果是好的，该行为就更会重复；当结果是不好的，该行为就越来越不会重复。狗狗听到呼喊，无论您喊了多久、喊了多少次它的名字，最终它跑到您的面前。此时您的态度及对待方式就是结果，可以想见这个结果一向都不好，不是被使眼色，就是被骂，或是被偷偷处罚，也可能只是代表草地上的玩乐结束。

这些不好的结果，如何让狗狗继续重复"跑向您"的行为呢？只会让狗狗越来越没有欲望在您喊它回来的时候跑向您。

看起来就是这么简单，可惜的是，人只看得到自己——"我叫你回来你竟然不回来？""我养你花那么多钱！""我还要赶着上班你知道吗？""我养你喂你吃东西，叫你你竟然敢不听？"……这些潜台词，恐怕在主人的心里不知道说了多少遍，这些都是只看到自己的言语。

为什么狗狗就必须成为您严格管控、没有欢乐的边缘生命呢？也就是这样的态度，导致您完全不知道为什么叫不回来，其实只是一个简单的道理，狗狗到底为什么要您一叫就回来？它最终还是回来

了，也等于告诉您，这么好的一种动物，请您好好地爱它吧！

应对秘诀

　　方法超级简单，在身上带一些零食，到了草地以后，让狗狗自由奔跑，等它自己靠近您，连喊都不用喊它，当它靠近您的时候把零食扔给它，然后让它继续去奔跑，只要它一靠近您，就扔一个好吃的给它。

　　零食只要很小的一点点，比如说您小指的指甲片一般大小就可以了。每次它跑来都奖励一个零食，还记得这叫做"固定频率时间表"吗？

　　就这样持续操作1周左右，下次带它外出的时候，当它跑到您身边时，露出笑容、开心地说它好乖，不要给零食，同时让它再度去奔跑，平均每三次给它一个零食。同样操作1周。

　　接下来，当它在奔跑的时候，您喊它的名字，当它一冲过来，马上连续给它3个零食，然后让它再去玩。同样的，用这个方法练习1周。记住一件事，在最后一次让它回到您身边的时候，用手抓住它的颈圈挂上牵绳以后，给它一把好吃的。

　　好了，您的训练几乎完成了，接下来的日子，您需要随机给它零食了，有时候有、有时候没有，但是口头上的奖励不可以停止。然后记得每年找一天，在狗狗完全没有预期的情况下喊它，当它跑回来的时候，立即给它一整只鸡，没错，就是一整只鸡，或许它会吃到拉肚子、吃到呕吐，但是，它这一辈子都会在您喊它的名字的时候奔跑过来。它会努力地奔跑回来，为的就是一个希望："这次有没有鸡？"

　　请注意，所谓"一整只鸡"，请依照您的狗狗体型自行调整，不要拿一整只鸡给吉娃娃，扔出去都会砸死它。也请依照狗狗的生理状况来决定，不要给已经患有胰腺炎的狗狗一整只鸡，吃的时候爽，吃完以后就拜拜了。一只鸡只是一个概念，就像彩票一样，我们营造的就是中奖的感觉，每次买都有可能会中，每一年也不知道什么时候就会中一次大奖。

　　对于一只刚养的小狗，我们可以运用它的"印记学习"，在刚养狗的时候，开车带狗狗到它既陌生又没有人的地方，然后松绳随便它跑，您不要看着它也不要跟它互动，只需要偷偷瞄着它。如果狗狗一边玩一边看您，只要它看着您，就开心地口头称赞它。当它走远、没注意到您的时候，请快速且蹑手蹑脚地躲到车子后面，蹲下来喊它的名字，让它自己找到您。当它找到您的时候，请夸张地好像劫后余生见到它一般，抱它、称赞它、抚摸它，对它来说找到您可以得到莫大的欢乐，主人也非常开心。这个模式建立了，影响它一辈子，长大以后，不需要一只鸡就可以把狗狗快速且轻松地唤回了。

29 我的狗狗不爱吃，也不爱玩玩具，要怎么训练呢？

在正常的情况下，没有一只狗狗不爱吃也不爱玩。但是的确在临床上我常常看到，狗狗来上课时不愿意吃也不愿意玩耍，这和正常的情况似乎相当不同。

先不管您的狗狗到底发生了什么事，导致它不愿意吃也不愿意玩，不要把问题直接就推给训练师，或是直接认定狗狗是属于行为问题，那样太草率的想法和做法，有时候反而会害了狗狗。

怀疑狗狗有行为问题的时候，首先要做的就是带去动物医院检查，先确认不是医疗问题导致的，才可以从行为的角度出发来解决问题。

一只没有医疗问题的狗狗不爱吃东西，那么请问它是怎么长大的？当然是您喂大的！

如果一只狗狗对于食物已经没有欲望了，那就代表它拥有食物的程度已经达到不只是"不虞匮乏"了，而是过剩。

这样的狗狗，生活失去了乐趣，可能会把最大的乐趣放在其他不良的行为上，比如说追车、咬人或是吠叫，因为这类行为最容易引起主人的关注。

不缺乏食物的狗狗，并不太能从食物奖励中得到满足，于是就会在别的地方花更多的时间和精力，来引起主人的关注而得到满足。

通常这类狗狗的主人，买了一大堆玩具，扔在地上给狗狗选，狗狗同样对玩具失去了欲望，拥有了太多并不会快乐更多，反而需要更大的刺激来得到一丁点的快乐，这样的狗狗并不会幸福。

不爱吃也不爱玩，那是因为拥有太多了。

应对秘诀

解决这种问题超级快。

先算好狗狗不变肥胖的情况下，一餐要吃多少能量，将它一天应该要吃的食物分成四等分，分四个时段给予，每次把食物放下后就离开现场，不要求狗狗吃饭，更不要在旁边等待。您只需要给它 5 分钟，5 分钟之后把食物收走，不要担心它没有吃会怎样。

如果它在这 5 分钟之内会吃，请在它咬食物的时候，开心地称赞它。如果它不吃，5 分钟之后把食物收走，到下一餐之前，尽可能不要和狗狗有互动，这包含了任何一种形式的社交互动或是实质的社交互动。下一餐的时间到了，重复上一次的方式。就这样持续做下去，直到狗狗每一餐都在 5 分钟之内吃光，您就可以将四餐改为三餐，然后再由三餐改为两餐。

当您的狗狗都会吃完以后，将食物的量降低到只有 75%，剩下的 25% 的热量请用零食来代替，只要狗狗做对了，比如说坐下，就用零食奖励它，每次把零食给狗狗吃的同时，要开心地称赞它。记住，零食的大小最多只可以和您小指的指甲片一样大小。

剥夺会产生欲望，这样降低狗狗的基本摄取量后，它会产生需求的欲望，再加上您使用零食补足它的能量并且奖励正确行为，很快的，它就会恢复对食物的欲望了。

对于不会玩游戏的狗狗，多简单啊，把食物包在纸张里折起来，食物在里面，不要折得很紧，就让纸张变成 90 度角，狗狗用鼻子一顶就把食物吃掉了，反复几次，强化狗狗顶这张纸的行为，然后把纸对折成将近 180 度角，同样地，把食物折在里面，狗狗一样会用鼻子或是爪子把纸打开，吃掉里面的食物。就这样慢慢增加难度，最后把零食卷在纸张里，把它卷成一个糖果包，然后扔给狗狗接，当它接到了或漏接了，它会努力地想打开那张纸，但是一定会失败，您就帮

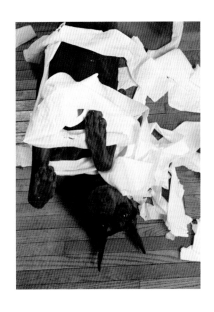

它打开，让它吃到。

　　这样的模式持续一段时间，您的狗狗不就会接玩具了吗？那个包着零食的纸，不就是玩具吗？谁说玩具一定要长什么样子呢？玩具只是一个概念，无论您要用什么当作玩具，重点是要安全，不可以丢给狗狗以后被它吞食，产生胃肠道疾病或是障碍。您也可直接购买市面上可以塞零食的玩具，先塞零食，再转而让它爱上玩具就可以了。

　　真正让它爱上的并不是玩具本身，而是您在这个游戏中的意义。

30 看到小鸟或猫咪就会死命去追，喊也喊不回来，任凭我拉扯绳子或是制止都没有办法，常常看它咬着尸体回来，该怎么办呢？

自古以来，狗狗原本就是属于掠夺者，它的近亲狼也是掠夺者，所以当它看到这些小动物时，就会触发体内先天的解放机制，源源不绝的动力就会涌现，从盯着看、匍匐前进、追逐，到猎取、杀死、肢解、吃完。

无论什么品种的狗狗都会有这样的倾向，当然有一些特定品种对于这些小动物会有更强烈的欲望，而且不同品种在整个猎杀过程会有不一样的专长。比如说 Greyhound（格力犬）以及一些视觉猎犬在追逐上会比较厉害，米格鲁和巴吉度犬对地面上留下的气味的追踪能力会比较好，而牧羊犬类的追逐能力虽然很好，但是聚集小猎物的能力会更强。

雪纳瑞这类狗狗的猎杀能力就更好了，而且针对的都是农人不喜欢的害鼠等小动物。这些差异都是人类培育品种时将程序写入了基因之中，遗留在它们的血液里。这种原本就存在的能力，加上人类赋予的基因，导致它们看到小动物时会去追逐，甚至猎杀。

原本只是基因及本能，但是每当狗狗冲出去的时候，主人都会想尽办法制止。看到这里已经是第 30 题了，您应该开始能理解这样的制止不但无效，反而会加强狗狗追逐猎杀的行为。

原本只是好玩或是天性，到后来变成学习行为，以及为了让主人开心而追的寻求关注的行为了。当主人问问题的时候，提及"喊也喊不回来，任凭我拉扯绳子或制止都没有办法"，这就意味着主人死命地喊过了。请问主人喊的内容是什么？无外乎"不可以！回来！"吧。对于狗狗来说，您如何确定它懂？在追逐时那么紧急的状态下，您大声的呼喊，对它来说会不会反而是一个鼓励，就好像一起去打猎时，当它冲出去的时候，您在旁边摇旗呐喊着："冲啊！杀死它！杀死它！"

您不是狗狗，您永远无法理解，您的呐喊对于狗狗其实已经是大大的鼓励了。再者，主人说"任凭我拉扯绳子或制止都无法改变"，这也说明了主人使用牵绳拉扯狗狗的情况相当严重。

这样的狗狗，面对牵绳会逐渐产生适应，即便被您拉扯了，也只是多了牵绳所产生的挫折，而看到小动物的欲望配合牵绳的挫折，这只会让狗狗产生更大冲击的欲望而已。这就是为什么它越来越会去追逐，甚至最后会把尸体带回来给您，一方面告诉您我做到了，另外一方面也满足了基因上先天的需求，最后也消除了它的焦虑，这样一举数得的事，狗狗怎么可能不做呢！

应对秘诀

首先还是谈到管理。

使用空运笼载狗，可以减少它看到小动物的机会。项圈使用 Gentle Leader（鼻环套）或是防暴冲的，可以避免发生问题。遛狗时一定要牵好牵绳，万一您必须解开您的狗狗，请选择合适的时间和地点，避开那些小动物可能会出没的时间。

在训练上，您必须教会狗狗立即唤回（请寻求专业认证的训练师或是行为治疗师协助），在它打算冲出去追逐的时候，把它立马唤回并且大大奖励它。您也可以在狗狗看到小动物的时候，教导它转头看您，然后得到奖励。但是您要知道，对狗狗而言两者都是奖励，冲出去咬死小动物是奖励，不去咬而转头看您也是奖励。

如果冲出去咬了，不但可以得到猎物的奖励，带回来给主人时又得到一次奖励（其实这次的奖励就是主人的责骂或是处罚），这样

的两份奖励对狗狗来说，当然赢过那小小的一份奖励，它自然而然就变成超爱追逐猎物，并且将其杀死以后还把尸体带给您。

　　所以，在让狗狗选择的时候，不要让它纠结，我们需要它成功地把注意力放在我们这里。因此，挑选合适的奖励，让这个奖励的等级必须大于它去追杀猎物所得到的奖励。只要它没去追，您不但要给它一个实质的奖励，还要给它您最大的关注！这样一来，就可以在任何时候轻松转移它的眼神了。

31　怀孕可以养狗吗？产后该怎么避免狗狗咬到小孩？

　　怀孕为什么不可以养狗？您怕的是什么？怕传染病？怕不干净？怕流产？怕小孩出生后会过敏？

　　其实，这些担心都过虑了。并不是我们爱狗才这样说，而是人类社会越来越进步，大脑却越来越退步。如果您怕的是流产，那么要小心的是弓形虫，但是狗狗很少有弓形虫；如果您会担心，可以带您的狗狗去医院检查，同时您自己去妇产科检查有没有弓形虫的抗体以及抗原。如果您有抗体，您什么都不用怕。如果您没有抗体，就代表接触到弓形虫的确会让您流产。只是，您要怎样接触弓形虫？它在哪里？如果狗狗没有弓形虫，问题就不存在了。而猫咪有很多的弓形虫，所以需要注意的是猫咪而不是狗狗！

　　但是也别污名化猫咪了，因为只要您有抗体，猫咪有弓形虫也无所谓。如果您没有抗体，而猫咪有弓形虫，只要从您怀孕开始，让男主人去打扫猫咪的排泄物，您也不会有问题，因为如果要感染弓形虫，您还得要接触它们的大便。

　　其次，怕传染病？动物会传染给人类的传染病不过就500种，而人传染给人的传染病就有几千种。您不怕去百货公司接触大量的人，您不怕去医院接触大量的病菌，却害怕自己家里的狗狗带给您传染病？您只要做好最基本的个人卫生，养狗比您去逛街还安全！所以不要再拿生小孩来当作弃养的借口了！也别拿老人家来当借口，老人家更需要知道卫生安全的知识，给他们知识，教育他们吧！

　　至于小孩出生以后会不会被狗狗攻击？

　　首先，您需要先确认您的狗狗能够控制自己的情绪，同时请您扪心自问，它能不能够在您要求坐下时会坐下？是不是可以轻松唤

回？会不会坐着静静地等待您指示？如果不会，或是做得不好，您最好寻求专业训练师的协助，教导狗狗学会坐下等待它想要的所有一切，包括您的抚摸、食物、零食、游戏、玩具、散步、出门、下车……这种训练不只是让狗狗学习控制自己的情绪，对狗狗来说，等待时也是每天生活中很快乐的一段时间。

除了这种学习礼仪的训练，您也要教它无论何时何地，都能把它唤回，这样不但可以避免狗狗可能即将面临的危险，也可以避免您的小孩和狗狗不当互动的危险。（唤回的训练请见第 28 题）

接下来，家里面必须要有狗狗可以休息的地方，最好是让狗狗自己挑选，因为有些狗狗并不喜欢太靠近婴儿。您也可以选择空运笼或是狗狗的床垫（但是您需要学习"笼内训练"）。同时您也可以教导自己的小孩避免去干扰狗狗的生活空间。

除了这些，您也必须要训练狗狗喜欢一切原本令它讨厌的事物，这些事或许会发生，比如说狗狗正在吃饭时，有陌生人靠近，要训练它认为有陌生人靠近会有好事发生，也要教导狗狗喜欢被任何人触摸身体的任何部位，甚至于不小心踩到它或是压到它时，一样会有好事发生。不只是教狗狗，也要教您的小孩，比如说狗狗吃饭或是睡觉时不要去接近它。但是小孩往往会不经意地犯错，所以我们必须训练狗狗能够喜欢这些接触，或是最起码会忍受这种不经意发生的事件。

在平时，先准备婴儿哭闹以及小孩尖叫、玩耍的录音，然后播放给狗狗听，先从小声播放开始，同时可以准备好吃的零食，如果狗狗不爱吃，就在播放时和狗狗一起玩耍，或是关注狗狗，让狗狗关联到这些声音和好事有关。当它都很自在了，您就可以慢慢地放大音量，逐渐地通过食物、玩耍、关注，让它对小孩的声音完全不敏感。

当您都做完这一切以后，您还要在婴儿回家前 7~10 天，先用洗干净的毛巾擦拭您的小孩，请男主人带着这条毛巾回家，让狗狗嗅闻，如果狗狗没什么反应，那是好事；如果它出现了不安或是躁动等反应，您就要教导它安定，让它坐下，给它奖励，慢慢让它适应这条毛巾的存在，反复训练到它对毛巾的气味没有反应为止，同时记得，只要它表现出安定的样子，就奖励它。这样在未来小朋友回家的时候，它就会习惯小朋友的味道，并且表现出安定的样子。

在带小孩回家前最少 1 周，请您学习"冷漠"，忽略您的狗狗，假装它是不存在的，喂它吃饭、带它大小便也一样，不要有太多的互动，只有它表现出非常安定的样子时，您可以稍微看它或是摸它，只要它一乱动、激动、情感过度激活时，您就假装看不到它。当它稳定坐下等候时，您可以称赞它，当您要摸它的时候，不要一直摸，只可以奖励式地摸摸它，这样做的目的就是小孩进家门后，不要让它觉得是因为您专注于小孩而忽略了它。

当小孩进到家里以后，请您一定要这样做：只要您单独和狗狗在一起时，就无视它的存在；当小孩的声音、哭叫、活动，或是你们一起在同一个空间时，在狗狗坐下、等待时，奖励狗狗。这样会让狗狗觉得，只要有小朋友在附近，好事就会发生，所谓的好事，除了食物、玩具，还包括主人您对它的注意。

但是请记得，即使狗狗表现不好、没有安定、没有控制好情绪、吠叫、情感激活，您也千万不要去骂它，因为这不但无法让狗狗真正

狗狗：Kelvin（凯尔文）
主人：沈彤

安定，还会让狗狗误解，以为是小孩让它受到责骂，同时这种方式的确可以引起您的注意，那么您就会让您的孩子陷入可能的危险了。所以一定不可以在这时候骂它，您只能选择在它安定的时候，给它奖励，包括关注、玩具或是零食。

我们运用这样的模式，让您的狗狗学会礼仪，同时发现这个新来的小东西。只要那小东西哭了，它就有东西吃或是被主人注意；只要小东西出现了，它就得到主人的抚摸及注意，或是有更好的零食会出现；甚至只要小东西出现了，它就可以跟着主人和小东西一起去散步。总之，这个小东西的存在，让狗狗的世界变得美好，小东西消失时，好事跟着不见，所以狗狗就从不知不觉中开始喜欢小朋友的存在，并且永远不会攻击小孩了。

请注意，无论您觉得您的狗狗有多乖，您都不可以把小孩和狗狗单独放在家里，然后自己出门。您无法掌控的事情太多，所以避免危险永远是您的第一选择。

对于家中已经比较大的小孩，您除了做好上述的部分之外，有时候狗狗已经开始和小朋友玩追逐游戏了。请教导您的小朋友，当狗狗追逐它的时候，千万不要逃跑，只要学习当一棵树，站稳别摔倒，忽略狗狗的互动，就可以让原本人狗之间的游戏，不会发展成攻击行为，也不会演变成粗鲁游戏而导致受伤。

32 狗狗会因为害怕而攻击人，除了主人以外，无论是认识或不认识的人，只要它害怕就会攻击，该怎么处理呢？

狗狗没有道理攻击人类，除非它面临"害怕"或是"挫折"的情绪，而这些情绪的产生，会让狗狗决定要攻击还是逃跑。但是多数的主人牵着牵绳，狗狗没有地方可以逃跑，而它也不相信您会保护它，应该说，狗狗压根儿都不认为有什么人或是动物会保护它，一切都要靠自己。您不要臭美地认为您的狗狗知道您会保护它，如果真是这样，当面临灾难时，您的狗狗会躺在您的怀里让您处理。

由于狗狗只相信自保，在牵绳的限制下，没有办法选择逃离，只好选择打架了。而这所谓的打架，在人类的眼中就是狗对人类的攻击行为了。

如果您要探讨原因，首先您要先探讨为什么狗狗会害怕。比如说是对人类的社会化不足？曾经被某一个人伤害过，还是被很多人伤害过导致概括到全部的人？是不是太紧张时被您使用牵绳拉扯而产生挫折？还是它只是针对某一个地方产生害怕，只有在特定的地方才会攻击？这些原因如果无法去除，攻击行为就无法消失。

无论您的狗狗是哪一种原因引起的攻击行为，要彻底消除问题就必须知道原因是什么。

应对秘诀

管理还是矫正？这些都是我们处理问题时首要思考的。

如果您选择管理会是最简单的——帮狗狗戴上口罩，或是避开人群的时间点外出，或是避开它会害怕的地方。只要没有害怕就不会有攻击。还有就是当它害怕的时候带离现场，教它逃跑，跑到安全的

地方时，就跟它玩最好玩的游戏，它会很感谢您，因为它不需要冒死去打架了。

　　除此之外，如果您要彻底地解除它的攻击行为，首先不可以让狗狗练习攻击。只要练多了，我们就无法真正地消除它的攻击行为，因为它通过攻击得到自己生命安全的确认，这种确认加强了它的攻击行为，而且每次都有效，它永远都不可能打消攻击的念头。所以特别要注意的，就是不可以让它有练习攻击的机会。

　　其次，针对它的挫折或是害怕，找出原因。如果是社会化不足，就去完善它的社会化。如果它是对某一特定地点的害怕，我们就针对该地点做矫正（如运用脱敏或是习惯）。如果是和人类相处引发的挫折，那么就需要通过课程来解决主人对行为的认知能力。

　　如果是因为城市拥挤的城市挫折感，就需要通过 PME 来完成它的需求。如果是牵绳引发的挫折，就需要学习"松绳随行"。总之，原因如果无法去除，您就只能运用管理的方式来避免问题，其中我最建议的就是教导狗狗逃跑。逃跑并不丢脸，咬了人，才是真正的丢脸。

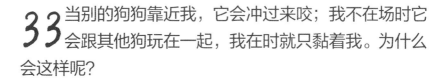

33 当别的狗狗靠近我，它会冲过来咬；我不在场时它会跟其他狗玩在一起，我在时就只黏着我。为什么会这样呢？

状况详述：我家的狗是女生，5 岁。我在场的地方只要有狗靠近我，它就会冲过来咬别的狗。我如果不在场，它们都可以相处融洽，而我在的话它就不跟它们玩，黏着我不让它们靠近。请问为什么会这样呢？有办法可以改善吗？

"狗狗的行为其实在反映主人的行为"，这句话说了多年，能够真正理解它的真谛的人有多少呢？

当主人不在场的时候，它和其他狗狗之间的相处好与坏，都要自己面对以及负责。而所谓融洽地一起玩，那是主人眼中的自我定义，您只能说它们在玩耍过程中还没有出过事，但是您需要知道，这种玩耍很容易衍生问题，包含挫折以及锻炼攻击打架的技巧。

当主人在身旁时，狗狗拒绝和别的狗狗互动，呈现这只狗狗和主人之间的关系——主人无法正确引导狗狗的生活。

在缺乏人类领导的状态下，狗狗会担起领导以及保护族群的任务，所以它会在您的身边拒绝和别的狗狗互动，同时对其他靠近的狗狗产生攻击行为。而主人往往只说了一部分，却遗漏了很重要的部分：当狗狗冲出去攻击其他的狗狗时，主人做了什么反应？当主人反应之后，狗狗是什么反应以及表情？

多数的主人会抓住狗狗，或是在一旁说"好乖"，或是柔柔地说"不可以"，也有的主人会处罚狗狗。这些动作行为，非但无济于事，还造成"正加强"攻击别的狗狗的行为。

简单来说，狗狗是为了您去攻击对方的，而且攻击之后的结果

都是好的——别的狗狗撤离，以及得到主人的关注。（行为的结果如果是好的，该行为就更容易重复）

🔻 应对秘诀 🔻

首先主人需要先改变观念，千万不可以在狗狗冲出去咬别的狗狗时做出反应，因为这些反应都只是加强行为而已。

即使您使用的是处罚，但是处罚的结果往往不是您心里所想的那样。试想看看，如果处罚是有用的，为什么您还有那么多疑问？如果处罚是有效的，为什么还需要行为治疗师？如果处罚是有效的，全世界的狗都不会有行为问题了。

我们来看看处理的方法。

建议寻求专业训练师的协助，因为我们需要运用这本书前面提到的"时间点"，我们必须运用狗狗冲出去之前的"前驱期"，但是这个时期通常主人很不容易拿捏得准。

在前驱期一出现的时候，主人立即甩掉牵绳，朝其他狗狗的反方向跑掉，并在甩掉牵绳的同时，对着自己很生气地骂，骂您自己没有用、不想再养狗了，越狠越好，我们希望您的狗狗发现您怒气冲冲地离开了现场，它开始犹豫是要冲出去打架，还是追着您跑。如果您的技巧熟练（99.9%的主人都不是熟练的），只需要两三次的操作，您的狗狗就不会再去追其他狗狗了。

为什么呢？因为它的学习。它忽然发现，每当它的心里出现想要攻击对方的欲望或是想法时，主人就会生气地逃走，对于狗狗来说，那是它最不想要的。为了爱您、为了不失去您，也为了不要打架，它会停止对别的狗狗的冲撞或是攻击。

为什么我们希望您寻找专业训练师的协助？因为如果您抓错了时间点，抓到了爆发期，在您逃走的时候，您的狗狗已经在充饱了电

的状态，压根儿没发现您的离开，这一架一定会打，谁输谁赢以及会不会被咬死或是咬死对方，您完全无法掌握。所以不要拿这种事开玩笑，术业有专攻，请寻求专业认证过的训练师协助您吧！

34 为什么我的狗狗不敢上下楼梯？

上下楼梯很难吗？一点也不。连小博美都可以飞奔地上下楼梯了，为什么有很多的中大型犬连楼梯都不敢上下？

原因很简单，也许有些狗狗第一次的经验不良，上下楼梯的时候摔过跤，导致以后的害怕。多数的狗狗很快就可以适应，只要主人给它机会学习，但是有很多主人并不给狗狗机会学习，他们会在那里等着，希望狗狗自己走下来或是走上去。狗狗在那边焦急着，但是又带着一点点的害怕，偏偏主人看了觉得可怜，于是就把狗狗抱起来，就像孝顺的儿女，帮助年迈的父母上下楼梯一般，但是在狗狗的学习却是——原来我在楼梯边的哀鸣，可以控制主人的行为。

"哀鸣可以得到拥抱并且达成目的"。有了这样的相处模式，哪一只狗还愿意走楼梯呢？当然没有了。

应对秘诀

直接让它经历多次，这叫做"习惯"，或是您也可以让它慢慢学会，这叫做"减敏"或是"脱敏"。

如果运用"习惯"，就直接用牵绳引导它多次上下楼梯，直到它习惯为止。

或者您也可以运用"减敏／脱敏"。

以18阶的楼梯来说，教它上楼梯，我会把狗狗先放到第17阶，然后让它爬上去到第18阶，给它大大鼓励，让它觉得从第17阶走到第18阶，是一个很开心而且简单的事，尤其从第17阶到第18阶一点也不难，不是吗？

看它的反应，当我觉得它可以轻松自在地从第17阶上到第18

阶时，我就会把狗狗放在第 16 阶，让它从第 16 阶上到第 18 阶。同样的模式操作几次后，狗狗就会愿意走两阶了。持续地做，正常来说，教狗狗上下楼梯只需要几个"几分钟"。

同样的道理，训练狗狗下楼梯，我会放在从楼下算起的第一阶，让它直接下楼到地面上。这很简单，原理和上楼梯一样，达成的时候给予奖励。从地面上算起的第一阶开始往下，逐渐变成第二阶往下，就这样一阶一阶地进行，慢慢让它适应到可以自在地上下楼梯为止。

不要同时训练上楼梯或是下楼梯，一次只训练一种，完成上楼梯以后才训练下楼梯。多数的主人都太急躁了，您只需要按部就班，这只是几分钟的事而已。

35 要如何训练狗狗在遛狗时忽略其他的狗而继续走?

状况详述: 遛狗时,我的狗狗看到其他狗会立即趴下(无论身在何处),等待它们过来闻它或经过它以后,才愿意起身继续走。如果其他狗愿意闻它,它便会立即兴奋地对那只狗蹦跳,通常这样的反应会吓到其他狗跟主人。请问要如何训练它在遛狗时忽略其他的狗而继续走?

有很多的狗狗因为自我认定的地位低下,或是在它从小的经历及学习中,发现示弱是最好的保护,每次面对陌生狗的靠近,先是告诉对方"我不会打架,打架别找我",或是说"我是最不可能伤害您的,我只是个小跟班",它就会在别的狗出现、还没靠近之前,先趴在地上示弱,有些会更夸张地躺着甚至漏尿,这是过度服从的行为,而漏出的尿液代表着社会地位低下的宣告意义。

如果靠近它的狗狗愿意闻它,就代表这只狗狗不排斥认识它,所以它就会兴奋地对那只狗狗示好,而对方如果社会化也不是很好,就会被这只狗狗的行为惊吓到。这是狗狗的生存法则之一,因为这样的行为,确保它和其他的狗狗之间没有攻击行为产生!

应对秘诀

有几个考虑点。虽然用这种行为确保它的安全并无不好,但您也可以考虑不处理。如果您决定要处理,必须找 20 几只不同品种而且已经教育过、有良好行为的狗狗来协助您。

主人只需要带着狗狗前进,在看到别的狗狗靠近、而您的狗狗正要开始趴下之际,您转身带它离开现场,让狗狗来不及趴下就跟着您离开,同时好好地称赞它。

狗狗：欧雄
主人：张淑评

　　接下来，让对方牵好狗狗慢慢往您的狗狗身边移动，在您的狗狗没有反应的时候，您要称赞它、奖励它。

　　如果它开始表现出趴下的样子时，请您把牵绳扔在地上转身离开狗狗，狗狗会做决定：是趴下来等对方，还是站起来跟您走？它一定会选择跟您走，只要它一站起来，您马上称赞它，甚至用玩具或是食物奖励它。

　　除此之外，教狗狗不断地把注意力放在您的身上，当它看着您的时候就会忽略别的狗狗的靠近。只要它对于别的狗狗的靠近没有太大的反应，您就要开心地称赞它，甚至用玩具或是食物奖励它，慢慢地缩短和其他狗狗的距离，让它慢慢学习适应在别的狗狗靠近时，把注意力放在主人身上不但会使主人开心，同时也没有攻击产生。

　　这样的训练先从一只狗狗开始，完成训练以后，就需要引入第二只狗、第三只狗……一直到它可以完全概括到全部的狗狗为止。看似容易的训练，其实很费时。

　　最简单的方法就是好好地建立您和狗狗之间的关系，外出时只要您懂得带领狗狗玩耍，看到别的狗靠近时，您自己不要先慌了，直接忽略其他狗狗的存在，开心地带着您的狗狗奔跑或玩耍，让它无视其他狗狗的存在就可以了，学习就在不知不觉中完成了。

36 如何改变流浪狗的攻击行为？人狗冲突产生时，主人该如何心理调适？

状况详述： *如何改变流浪狗的攻击行为？如：受伤时不让人涂药、过度保护资源、嗅闻游戏到一半时变保护资源等。以及人狗冲突产生时，主人该如何心理调适？*

在前面第 7 题已经谈过，流浪狗狗因为进入人类社会中如何被边缘化的问题。这里要谈的是另外一种攻击行为，通常都是爱心妈妈在收养或是照顾流浪动物的过程中，所面临的攻击行为。

要知道攻击行为的形成并非一天两天，对人的攻击行为又可以细分为母亲的、食物保护的、害怕的、领土的、占有物的、掠夺的、保护的、转向的，以及君王的攻击行为。

这么多的流浪狗，这么多的可能性，每一只狗狗、每一个行为都是个案，不可能举一反三地把矫正的方式，套用到每一只狗以及每一个个案上。所以必须深入了解这些行为，再依照每一个个案，来安排处理的方法。

在这里只能快速地介绍每一种的狗对人攻击行为以及解决的概念。以下是比较常发生在流浪狗的攻击行为种类。

母亲的： 这是为了保护自己的小孩的攻击行为，和激素有关。

食物保护的： 通常和幼年时期的印记学习有关，保护的有狗碗或是特定的食物。

害怕的： 因为害怕而产生的攻击。

领土的： 和基因有关，针对领土的保护所产生的攻击。

占有物的： 有些狗狗会针对它认定已经属于它的东西产生保护的攻击。

疼痛的：因为疼痛而引发的攻击。

君王的：这样的狗狗在攻击之后反而会得到信心。

应对秘诀

　　如果属母亲的攻击行为，这种母狗一定要想办法诱骗到手，然后把它节育了，不要让它生小狗，因为它的小狗也会由于妈妈攻击人类时所产生的印记恐惧，在未来对人类产生不良的攻击行为，或是永远的害怕行为。避免它的攻击就只有一个方法，不要靠近它的孩子。

　　对于食物保护的攻击行为以及领土保护的流浪狗，它们发现您的侵入时，就会发出驱离警告，您只需要离开就好了，不要自己傻傻地以为狗狗都会爱您而继续靠近，那只会让狗狗选择不得不攻击您。

　　占有物的攻击行为：既然是流浪狗，在它嘴里的东西您干吗要拿？不拿它的东西就不会有攻击产生。如果您一定要拿，请用"换"的方式。

　　疼痛的攻击行为：由于身体上的伤痛，在您协助处理伤口的时候，它绝对不会因为感谢您而口下留情，就算是一只平时对您客客气气的流浪狗也一样。您只能够运用"避免"的方法，不要让狗狗有机会咬

到您。既然是可以接触到的狗，暂时性地帮它戴上头套，同时用牵绳牵着，避免它跑掉了无法摘除头套，这样就避免了因为疼痛而产生的攻击。

　　至于君王的攻击行为，在流浪狗比较少见，因为这种狗狗您通常不容易接触到，它们比较有自我的决策力，同时也具有比较高傲的姿态和更丰富的资源管控能力，一般的爱心妈妈并不容易和它成为好友。所以不太可能被这样的狗狗咬。

　　其实无论是哪一种攻击行为，爱心妈妈们都需要有一层深刻的认识：行为的管控，绝对不可能在流浪狗身上达成；行为的管控以及教育，仰赖的是人和狗狗之间关系的建立，以及流浪狗必须放弃对人类的偏见。这些都要在流浪狗被收养之后才会达成。

　　如果您是做中途之家的爱心妈妈，只是提供狗狗安居之所、食物及水，那么您不可能运用行为的力量来改变狗狗潜在的攻击性，您充其量只能够成为狗狗暂时性的朋友，而且它对您的信赖度，也不会达到百分之百。

　　除非您将正确的行为教育导入矫正的过程中，那么您就不能只是一般的爱心妈妈了，您需要成为具有训练师资格能力的爱心妈妈，无偿无私地去帮助它们，才有可能改变这些流浪狗。

　　有一点您也需要知道，一只流浪狗的行为问题不是一天两天形成的，您的能力或是解决问题的时间到底够不够？这是很大的议题，所以我们往往会把着眼点放在收养它的人身上，希望收养狗的人可以找合格的训练师上课，学习正确和狗狗互动，学习正确地通过游戏建立和狗狗之间的关系。唯有这样，才有可能真正地改变狗狗的行为，并且让被收养的狗狗以及收养的家庭，达到快乐双赢的局面。

　　至于爱心妈妈和狗狗产生冲突之后，心理的调适方法，我的建议只有一个：不要太自以为"爱心会被狗看见""我对你那么好，你怎么可以……"，它就是一只或多或少受过伤害的流浪狗，或是对人类没有办法真心信赖的一只狗，所以不要期望太多。

　　不妨自己多花一点时间学学如何和狗狗正确相处互动、如何教育、如何建立良好的人狗关系，这些比被狗狗咬的时候心里感到难过来得重要。

37 我的狗狗是两面人，有时把我的衣服咬破或是皮肉咬到流血，有时又完全不会这样做，为什么呢？

状况详述： 我的狗狗是两面人，我妈妈在家的时候，只要我要出门，它就会扑上我的手，用力咬我的手（真的狠狠地咬），常常把我的衣服咬破或是皮肉咬到流血。但是当我妈妈不在家的时候，它完全不会这样做，为什么呢？

狗狗本来就是多面人，见人说人话、见鬼说鬼话。一个家庭之中如果有超过一套的标准，狗狗就会产生这种双面人的现象，因为狗狗的行为是反映主人的行为。

当您在家里面狗狗不会咬您，而妈妈在的时候就会咬，这有两个可能：第一，狗狗咬您的手时，您的妈妈会来加强狗狗咬您的行为。如果在狗狗咬上来的时候，您的妈妈都会跑来"温柔地"告诉狗狗不可以，那等同于教导狗狗咬死您。如果您的妈妈会怒斥狗狗，那也只不过是告诉狗狗"咬得好，用力点，不然我打死你！"同样加强了狗狗咬您的行为。

而当您妈妈不在的时候，那位看狗狗咬死您的观众不在了，狗狗觉得咬您也没有什么意思，所以不会有任何反应。

第二种情况和第一种类似，差别在于狗狗咬上来的时候，第一种情况您只是疼痛哀叫，第二种是您会处罚它。问题就在于，这只狗狗和您妈妈之间的关系太紧密，我敢保证真正的主人不是您，而是您的母亲，因为狗狗为了您的妈妈，用力地想咬死您。

在第二种情况，您一个人在的时候其实狗狗也是跳起来咬您，只是您会处罚它，狗狗害怕而停止咬您。但是当您的妈妈在家的时候，狗狗知道，您不敢在您妈妈面前揍狗，于是它更胆大妄为地狠狠咬死您，除了是为了您妈妈而咬死您，还为了报仇泄恨。有意思吗？不只是这样，如果您和您妈妈都会对狗狗施以处罚，那么我认真地告诉您，这只狗狗只会越咬越狠，不是因为仇恨越来越大，而是它误以为这才是您母女想要的，在它的心里一定感觉很奇怪："这家人是怎么了，这么变态，玩那么大？为什么要我咬死女儿才开心？"十足的误解，但却是真实的结果。

问题变成这样也绝对不是像我说的这样单纯，而是混杂着第一种和第二种的情况都会发生。一个家庭里面有超过两套标准，狗狗会不知道要跟随哪一套，然后这两套标准又常常有变动，唯一不变的就是咬您的手可以得到奖励、莫大的奖励。

应对秘诀

首先全家人必须达成一致的想法，教育也必须只有一套标准。

当狗狗打算跳起来咬您之前（前驱时期），让您的妈妈摔门离开现场，无论是躲到房间里，还是离开家门都可以，直到狗狗安定以后两分钟之后才可以出来。

要让这么爱您妈妈的狗发现咬您只会赶跑它心爱的主人，这不是解决之道，这只是一个手段而已。还要教导狗狗情绪的管控，所以要学习"坐下等待所有它想要的一切"（Sit For Everything）。每次在狗狗跟上来的时候，先让它坐下并且奖励它。除此之外，先准备好一根真的骨头，里面塞满芝士片，拿去微波炉加热，在每次要出门之前，就把骨头拿到它的床上让它啃咬。骨头的种类需要挑选，不可以太细小，也不可以是容易被狗狗吞食的，长度要超过它的脸部宽度两倍左右。

这根骨头只有在出门的时候会出现，回家后就收走。以后狗狗看到您要出门了，就会自动地跑到床边等那根骨头，问题就解决了。

　　但是，如果您的妈妈属于溺爱型、乱养狗的人，也就是毫无节制地乱喂狗狗吃各种食物，那会让狗狗对食物失去了欲望，这个方法就会失败，如果您回头看前面第29题，就会知道失去欲望的狗狗并不快乐。

　　最后一个方法叫做"管理"，在您要出门前，让狗狗进到笼子里面，或是用绳子拴住，它不能跟上来，也就咬不到您了。

38 跟狗狗玩玩具，尤其是玩拉扯游戏时，狗狗会发出低吼的声音，这样会不会引起攻击行为？

游戏和攻击之间，其实有界线。一个粗鲁的游戏的确可能导致人类受伤，但是拉扯游戏本身并不是问题，问题是主人在拉扯中所扮演的角色，以及如何拉扯玩具，这还牵涉到不同的狗狗品种，但是大体上，玩游戏并不会引起攻击行为。

应对秘诀

对于如罗威纳这类的狗狗，玩拉扯的时候最好只做前后的拉扯，不要做左右的拉扯。因为这种狗狗原本的基因程式里就是用来保护人类，并且会狠狠地杀死侵入领域的任何动物，而猎杀的过程里，咬住对方喉咙，左右甩以扯断气管本来就是基因中安排好的程序。

我们不建议一般主人饲养这类品种的狗狗，除非您真的很懂狗狗，也很懂得如何引导狗狗正确地融入人类社会而不会咬死人类。

拉扯游戏如果只是前后的拉扯，那还只是游戏，如果进入左右的晃动，就很容易诱发它基因里的攻击。但并不是所有的罗威纳都是这样，也不是所有的护卫犬都是这样，毕竟引发攻击不会只是因为您的拉扯游戏就可以导致。

对于大部分的狗狗来说，拉扯游戏是非常好玩的实战游戏，它们会把这个玩具假想为猎物，努力地拉扯撕裂，扭断对方……这种游戏的过程，您必须一边拉扯一边鼓励，有时候还要故意地输给狗狗，让它得到战胜的感觉，您千万不要有什么老大的心态而每一次都要赢，那只会让狗狗觉得您那么厉害，那您自己去玩吧，我不玩了！

在游戏中，那只是游戏，并非输了就代表您的地位低下。自然界优势地位的狗狗也会让地位低的狗狗爬在它的身上玩耍，您也是一

狗狗：Buddy（巴迪）│主人：Heyman Huang（黄海曼）

样，一定要常常输给狗狗，并且在狗狗抢走玩具的同时鼓励它，那会让狗狗爱上游戏、爱上玩具，也会让狗狗和您之间的关系建立得比较紧密。无论您玩得多么激烈，都不会引发狗狗的攻击行为。

如果游戏会引发攻击行为，最可能的情况只有一个，叫做游戏攻击行为，那是因为游戏玩到失控了，而主人不知道停止，比如说产生了情感过度激活（Emotion Arousal），或是游戏中不慎碰触到了人的肢体，如咬到了手，这个时候您只要在当下拉下脸，摆出一个臭脸，并且立即停止游戏，同时停止一切互动，狗狗一下就明白了。

如果您只是嘴巴说不可以，但是仍然开心地和狗狗玩耍，或是在它情感激活的时候仍然开心地笑着，那么您终将因为这样的行为导致不小心的受伤。

真正让狗狗产生攻击行为的原因都不是游戏，而是基因、教养、情绪管控，以及主人的做法及态度。

39 家中有 4 只狗，会依照地位排序互相攻击，主人是否可能犯了哪些错?

状况详述: 家中有 4 只狗，当老大地位的狗攻击（空咬）地位第三的狗之后，紧接着就引发地位老二的狗攻击（狠咬耳朵）地位第三的狗，这是为什么呢? 有时老二突然也会对老三或老四有攻击行为，主人是否可能犯了哪些错?

每当我看到主人把自己的狗狗分类，谁是老大老二老三老四，我心里就觉得他们很厉害，因为我都不知道谁是老大谁是老二老三或是老四。

狗狗之间的地位高低，会因为资源的取用便利性或是强制性，而产生流动性的阶级地位。如果没有人类的存在，有一种状况会发生，举主人说的例子，老大＞老二＞老三＞老四，但是有时候是老四＞老二，而老三＞老四。这些阶级之间并不是固定的，而是依照不同的环境以及不同的对象，会不断地变动，除了自己把自己定义成为低下地位以确保安全以及有优势地位的狗狗，基本上它们之间的地位都是非固定性的。同时随着年龄的变动、激素的变动，它们之间的地位关系也会随之变动，并没有一成不变的一二三四的顺序。您最多只看得到其中一只具有优势地位的狗狗，对于物资资源的分配具有优先权，而且它也会乐于分享给其他的狗狗。如果您发现它们为了争夺资源而争斗，那其实是因为没有一只是优势地位的狗狗。

至于人类饲养的狗狗，它们之间原本的流动性阶级就已经很复杂了，宠物主人又自己赋予每一只狗狗特定的阶级地位，同时又没有持续性，变动性过大，使得主人所谓的一二三四实际上什么都不是。再加上自己的误判，会导致把优势地位的狗狗压在第三第四，那会乱

了原本的自然法则，这导致了它会想办法测试社交环境。问题就是这个社交环境，因为人类对狗狗行为的了解又不够深，介入了太多人类的思维，导致所谓的老大老二老三老四的阶级持续性不足，狗狗的误解会越来越深，最后一定会引发攻击行为。

虽然这个案例中被攻击的是老三，而不是老三攻击老大，起码主人没有把老大放在老三的位置。空咬只是攻击的第一步而已，那只是警告，警告它不要僭越或是警告不许造次，但是所谓的老二冲出去咬所谓的老三，那恐怕不是单纯的地位问题，比较有可能是因为主人的关注所导致。

再加上主人描述老二会对老三老四产生攻击，这就不是正常的行为反应，因为狗狗不需要通过攻击来彰显自己的地位高低，除非它的脑袋有问题，或是被主人加强了该行为，让这只狗狗把攻击其他两只狗当作引起主人注意的方法。同时每次执行攻击时，想必主人也已经通过各种可能的方式，传递了奖励它的信息了。

应对秘诀

对于家里面的多狗环境，我并不鼓励去安排地位高低来决定该如何对待狗狗。

您的确可以通过观察，发现哪一只狗狗具有真正的优势地位，您可以要求全家都给予这只优势地位的狗狗最高等的待遇，而且必须是随时随地的，必须是一致、没有变动的，这样才不会因为人的干扰而将原本和谐的状态打破。

其次，如果家中的狗狗还没有产生攻击打架的情况，针对每一只狗狗分别教导唤回，以及"坐下等待所有它想要的一切"（Sit For Everything），并且分别跟每一只狗产生良好的关系，让您自己成为狗狗最好的朋友，而不是让狗狗彼此之间成为最好的朋友，否则狗狗会忽略您的语言，忽视您的生活要求，甚至会乱翻译给小的狗听。这样一来您就可以拥有良好的管控，对于狗狗之间的任何争斗，您只需要转身离开，不干扰、不接触、不看、不理，它们之间的流动关系就会维系得非常好。

万一已经产生攻击打架的问题，您需要阅读本书最后一题，关于两只狗狗的打架问题的处理。也请您记得，真正领导狗狗生活的是您，不是您所认为的老大狗狗。

40 帮狗狗洗完澡跟它玩，我吻它的嘴时却被咬了；最近它会尿失禁、身体发出一种腥味，都是在我抱着它时发生，为什么呢？

状况详述： 前天帮小狗洗完澡，我就跟它玩，为什么我吻它的嘴，它就咬了我的嘴？是否狗狗都不喜欢人去亲它的嘴？最近这几天它都尿失禁，每天都有一至两次在床上或在我身上尿尿，而且最近身体会发出一种腥味，都是在我抱着它的时候发出的味道，那是代表了什么呢？

人看狗狗的问题宛如雾里看花，人问狗狗的问题永远避重就轻。如果您阅读了我这两本书，到了这里第90题，仍然看不懂问题，我建议您不要用阅读的，请用理解及学习的方式来读。

单单看亲嘴被咬这一点是看不到整个行为的样貌的。如果只有这样一个问题，可能会被认为是狗狗对主人不信赖，可是主人的叙述中又是跟着狗狗一起玩，所以有一丝丝的矛盾，但是也说不出是哪里的问题。

这只狗狗多大了？做主人的从来没想过，在您把您的脸凑到狗狗的脸庞时，您心里是喜欢它、希望它配合的，但是狗狗却要学习接受一个巨大的脸快速地移动到它的脸旁边。您想过吗？如果是一个巨人突然把脸凑到您的脸旁，您是开心还是害怕？这是需要通过学习的，如何让狗狗觉得那是一件好事，这变得非常重要。不要用您自己的认定，自己觉得您是爱狗的，所以狗狗就要喜欢您的动作，那就大错特错了。

姑且不说真实的原因是什么，总之狗狗不喜欢，甚至讨厌您亲它，才会咬了您的嘴。

我们再看看这只狗狗每天都会在主人的身上或是床上尿尿，同

时身体上又有腥味，而腥味常常在主人抱它的时候出现，那是肛门腺液的味道，有点像鱿鱼的腥味，常常是在狗狗受到惊吓、害怕恐惧的时候，从肛门腺里挤压喷出。

而主人一抱它，狗狗就喷肛门腺液，这代表这只狗狗多么害怕这位主人，甚至会在主人的身上或是床上尿尿，那是一种消除自我焦虑，以及对对方表达顺从之意的尿尿。它在主人身上这样做了，可见主人给狗狗的压力到底有多大。这样的狗狗，您还去亲它的嘴，我换一个词，您要去咬它？它已经怕您了，您再去咬它，等于逼迫狗狗无路可走，只好选择攻击您，这就是为什么主人亲它的嘴时，狗狗咬了主人的嘴。

这种种的行为告诉我们，主人给狗狗的压力以及可能还有不当的暴力，都太多太大了，还想要狗狗爱您？它单单想办法自保都来不及了。这就是你们目前的写照。

🐾 应对秘诀 🐾

养狗爱狗要用对方法，两眼直视狗狗是属于一种挑战行为，快速将脸部贴近狗狗也是一样的，好好地重新思考该怎样养狗吧，不是给它吃给它喝而已，而是要给它一个安稳的生存空间，让它跟着您生活没有压力。起码您要修正第一个观念，狗狗不是附属品，不是您想怎样就怎样的物种，您需要学习方法、用对方法，正确地社会化，正确地给予教育，参加由合格训练师所开设的训练课程（如完美狗狗训练课程、转变课程、响片训练课程等），借由课程让您自己开始改变。只有您改变了，狗狗的行为才会跟着改变。这不是一个行为问题的解决，而是整个行为教育观念的改变，所以，上课吧！

　　管理：不要再随心所欲地爱怎样就怎样了，让狗狗自己决定要不要让您抱。它自己上来了，您可以笑着奖励它，也可以给它一个零食，慢慢地，它就会喜欢让您抱、让您亲了。

41 狗狗害怕上汽车，每次要上车都必须花费很多时间。很想带它一起出去、让它不再害怕上车，我可以怎么做呢？

状况详述： 我的狗狗会害怕上汽车，每次要上车都必须花费很多时间，这大概是它满4个月后才比较明显出现的问题。它会想逃跑，也会害怕，我试过帮助它，用食物诱导、上车前先带它去运动等。曾经一次它会主动跳上车，我以为它已经克服了恐惧，但它却无法每次上车都能如此顺利。我反省造成它害怕的原因，可能是：一，开车载它去医院。二，几次因为赶时间，只好硬抱上车。三，它曾经晕车，在车里吐过，感觉这让它很不舒服，因为弄到满身都是口水与呕吐物。我很想带狗狗一起出去，让它不再害怕上车，希望能知道处理方法，谢谢！

　　现在的主人已经比以前的主人更进步，也更了解狗狗的行为，但是还差那么一点点，就是多数的主人仍然会用自己的判断而不愿意寻找专业训练师的协助。或许未来自己会比训练师好，那是因为观念的进步。

　　反观人类的社会，自己的小孩会送去幼儿园，会送去小学、中学、高中、大学，甚至研究所。在整个学习中，家长还会培养小孩的各种兴趣以及专长。孩子长大之后自己还会花钱学瑜伽，或是游泳、球类运动，甚至其他的社交活动。而狗狗所拥有的只有主人的教养，最后却被主人要求什么都要做到完美。这是非常不公平的。

　　回头来看害怕上汽车这件事，主人的认定是因为上汽车都是开车载它去医院、硬抱上车、曾经晕车在车里吐过，所以狗狗不愿意上车。我们先假设这是对的，那为什么您还不会转换成：每次上车就带它会女友，每次上车都带它去草地奔跑，每次坐车都带它吃大餐？

实际上您这么做了以后，它一样不会喜欢上车的。

并不是因为搭车去的地方不好，而只是搭车的感觉以及体验不好，那才是它不爱搭车的主因。

至于在害怕的时候拿出食物来诱导狗狗，并不会因此让狗狗不害怕，尤其当狗狗的害怕程度进入了第三级，也就是不愿意吃东西的时候，运用零食来鼓励它，真不知道您鼓励的是它的安定还是它的害怕？

应对秘诀

上车的训练其实真的很容易。

把车门打开，不要发动、不要关门，您带着狗狗上车，自己待在车子里面看看书，只要狗狗跳上车，就用您的笑容以及开心的语调称赞它，不需要过度地关注这件事情，待在车子里看书看报。如果它坚持不上车，您也不用逼迫它，但是也不要理会它，不要跟它互动，接下来的一整天，宛如家中没有这只狗。隔天再到车上，只要它跳上来，您马上用笑容以及开心的语调称赞它，甚至可以给它食物的奖励。反复练习到狗狗可以自在地上下车。

然后我们进入第二阶段，当狗狗上车以后，把车门关起来，在车子里面和狗狗玩它最爱的游戏。游戏一结束就把车门打开下车，回家后也要冷漠对待它，让它产生上车和您玩游戏的渴望。

当您发现狗狗上车后关起车门会很安定了，请发动引擎，让车子引擎空转 3 分钟，然后熄火。这 3 分钟的时间刚好用来玩游戏，引擎熄火，游戏就结束。

当狗狗在引擎发动后都可以自在地待在车上，请开始使用空运笼或是狗狗专用的安全带，让狗狗上车后要不就是进到空运笼里面，要不就是帮它系上安全带。接下来可以挂挡倒退几米，然后再前进几

米，一边前进后退一边称赞狗狗的安定。同样的，这种方式每天操作两三次，直到您发现狗狗非常自在为止。

上述步骤都完成了以后，请您直接开车外出吧，记得每隔一段时间，在保证安全的情况下不用看狗狗，只需要用您的手抚摸狗狗，同时称赞它好乖就可以了。

基于安全的考虑，带狗狗上车训练最好是两个人进行，一个人开车，一个人挑合适时间称赞狗狗。另外，狗狗上车应该待在哪里？后座的地上（没系安全带的狗狗），或是后座的椅子上（须系上安全带），或是在空运笼内。（请参阅第10题）

42 狗狗无法接受两个人太过接近（亲密），会有咬人的行为，该如何改善呢？

狗狗之所以会保护主人，是因为狗狗过度地和主人产生关联，这种是情感的依赖，过度的亲密关系使得狗狗无法容忍别人对它关联的主人做出任何不当的行为，更不允许别人对主人做出任何侵略的动作。

在狗狗的世界中，拥抱不是好事，只有在打架或是交配的时候才会出现拥抱行为，但是这在人类世界却是个亲密的行为。一旦有人和它最爱的主人过度亲密时，狗狗自动判定为侵略行为，于是就会产生攻击行为，为的就是保护它爱的主人。

通常会出现这种行为的狗狗，也常常属于优势地位的狗狗，攻击的程度及倾向不容忽视。

应对秘诀

有很多人喜欢狗狗保护自己，但是在喜欢的同时，您也必须思考另外一半的感受。如果您的狗狗已经出现了这种保护的攻击行为，您就要好好地修正。

首先，降低您和狗狗之间关系的亲密度，完全由另外一半喂食、遛狗、玩耍等，只要能把两者之间的亲密度降低，就不会因为关系过度密切而产生"保护的攻击行为"。

除了这样做，您也可以在狗狗在场的时候，避免拥抱等亲密动作，可以将狗狗带到别的房间后才拥抱。如果在家中您有客人来访，这种免不了的亲密社交行为，狗狗看到了必定会攻击，所以一是帮狗狗戴上口罩避免危险，二是当有人来访之前就让狗狗在别的房间等候，同

时在那里放一个它最爱的玩具或是食物，让它也喜欢陌生人的来访，避免再衍生讨厌陌生人的问题。

保护的攻击行为，最佳的解决方法不是矫正，而是管理及避免！

43 为什么有时候狗狗会啜泣？是不是会感受到我们的伤痛而跟着我们一起难过？

有很多网上传来传去的影片，描述狗狗多么有情感，比如说到了墓地探望已故亲人时，会趴在坟前哭泣；或是有人骂了狗狗，狗狗就出现了难过啜泣的样子。这些网上疯传的影片，被冠以斗大的标题，如："狗狗委屈地哭了，哭得好伤心"，或是"狗狗探望已故主人，在坟前哭泣"，这些拟人化的故事让很多人为之动容。我们原本不应该戳破的，因为这可以让更多人喜欢狗狗，但是真相是：狗狗其实不是哭泣，而是不舒服。我怎么可以为了让别人喜欢狗狗，而让狗狗继续被误解、继续痛苦呢？

这种看起来像是啜泣的行为，其实是逆向性喷嚏（Reverse Sneezing）！

不管是人或是狗猫，打喷嚏是很常发生的一件事。那是一个身体的保护机制，当我们的鼻腔黏膜感觉到刺激时，肺部的空气及上呼吸道的黏液会伴随着快速又剧烈的胸部肌肉收缩动作，将刺激鼻腔的东西快速地从鼻腔排除。这些刺激的因子可能是灰尘、微粒物质、化学物质、病原（病毒、细菌等）、过敏原等。如果是不断地打喷嚏，就很可能是鼻炎或过敏的症状。

逆向性喷嚏是剧烈的吸气，所以发作时可以发现动物会有很大的鼻声（有点像猪哌叫的声音），有些会伴随喉头软腭不正常的震动声，有时候狗狗会把脖子往上往前伸展，这时胸腔也会有明显的吸气动作，大幅度剧烈地起伏。很多主人看到狗猫这个模样，都生怕它喘不过气而死亡，可是几分钟后，症状好像又消失了。在发作时真的让主人觉得很恐怖，还好症状结束后，一切都恢复正常。

多数的宠物主人以为是气喘的发作，而非常紧张，但这不是气喘，

而是逆向性喷嚏的典型特征。（作者注：狗狗没有气喘，猫咪有气喘这个疾病）

逆向性喷嚏症的发生往往是没有任何征兆的，有的动物可能在睡觉，有的可能在卧趴着休息，有的可能在玩耍，有的甚至正在运动。

逆向性喷嚏与一般的喷嚏是不同的。一般喷嚏的发生位置在鼻腔及副鼻窦，逆向性喷嚏则是在鼻咽部及软腭的部位。打喷嚏时，有大量的气体快速地由肺部往鼻腔外喷射出去，但是逆向性喷嚏则是由鼻腔外往鼻腔内大力地吸入；打喷嚏时气体喷射所需的时间是极为短暂的，但是逆向性喷嚏每次吸气所需的时间是1~2秒，而且一般的喷嚏大多只打几下，可是逆向性喷嚏发作的时间可能从数秒到数分钟不等。

逆向性喷嚏症与气喘的不同是，气喘的原因是支气管的水肿痉挛，而逆向性喷嚏则是喉头软腭的痉挛所引起。

导致逆向性喷嚏的真正原因至今仍然不明，但是和一般造成鼻腔喷嚏的因素相似，只要是会刺激到鼻咽部及软腭的因子，都有可能导致逆向性喷嚏的发生，如灰尘等。

软腭过长、鼻咽部的螨类感染、喝水、运动、兴奋及牵绳造成脖子咽喉的刺激，都会造成逆向性喷嚏的症状，另外有少数和鼻咽不正常的组织或息肉有关。

这个病症和性别或年龄无关，所有品种都可能会发生，但是短颚狗、长软腭狗、小型犬（米格鲁、吉娃娃等）比较常见。

🔖 应对秘诀 🔖

当宠物发生逆向性喷嚏时，您不需要带它去医院，有些简单的方法可以帮助这个问题提早结束。

您可以带它出去户外呼吸一些新鲜空气，也可以轻轻地按摩它

的喉头、颈部，也可以用两个指头堵住它的鼻孔，让它暂时使用嘴巴呼吸，这样可以让软腭痉挛早一点结束。还有一些医师建议用喂药的方式，用手拿着药深入它的喉头，轻轻碰触它的软腭，来停止软腭痉挛，也可以用手指掐它的鼻头刺激它，或是静静地等它发作结束即可。

您也可以拿起手机，拍下它发作的视频，供医生参考。大部分逆向性喷嚏症是不需要药物治疗的，不过如果与过敏的因素有关，可以考虑药物治疗，同时如果发生太过频繁，必须考虑做鼻腔及咽喉的内视镜检查。

逆向性喷嚏症与某些心肺疾病、气喘、呼吸道的感染／发炎／阻塞、气管塌陷等有若干雷同之处，除非您的宠物已经被确诊，否则请勿随便对号入座，也不要不当作一回事。

44 对于保护领土的吠叫要如何教育呢？

有很多狗狗，保护领土的吠叫从基因上早就已经被设定为基本的行为。而有少部分的狗狗，其对领土保护的行为虽然不是受基因的影响，但是也会因为领土内的资源需要被保护而产生。

最基本的保护就是吠叫驱离，能够通过吠叫驱离的，就不需要通过打架，不是吗？打架是很耗狗狗的精神和体力的。

它的吠叫到底是不是领土保护？有时候并不一定是。有很多的主人误以为的领土保护的吠叫，其实只是胆小、害怕别人侵略的驱逐性吠叫，外加上主人的加强导致的。

应对秘诀

面对领土的保护行为，对于是已经被设定在基因里的品种，比如说德国牧羊犬，那么您就不要想太多了。不想要这种吠叫就尽量别养这种狗，毕竟您不是受过专业训练的训练师，您恐怕很难让这种狗狗不要吠叫。

建议您在打算养狗的时候，先寻求专业认证训练师的建议，看看您到底适合养什么品种的狗，不要只是因为您喜欢而养，请选择"您适合"的品种。

针对领土保护型的狗狗，我们可以不要让它形成领土，不要让它每天都待在同一个地方，打乱它的范围，不要用围篱来框着它，常常带它到别人的领土去吃饭，去别人的领土训练它。

由于领土保护是一种资源的保护，或许保护的是里面的食物或是水，或是玩具。如果我们让它的资源多到无虞匮乏，比如说原本只有一个玩具，我现在给它生活的地上放满了 100 多个玩具，重点

是我不跟它玩，让它不认为那有什么重要的。当玩具不成为资源时，它就不会去保护。以此类推。

　　或是您可以把所有的资源都拿走，把它的碗放在它的领土之外，它的领土里面就是家徒四壁，那么它也没有必要死守着这个破地方。没有了领土的概念，自然没有吠叫的问题。

　　概念是非常简单的，但是对于有这种特质的狗狗，您必须比它还要灵活地思考，同时您也必须教导狗狗服从——不是让您当老大的那种服从，而是让狗狗开心自主地配合您的服从——让它学习"坐下等待所有它想要的一切"（Sit For Everything），并且常常带它到别人的领土做这些训练。唯有打破领土观念，才有可能让它不要吠叫。

　　至于因为害怕而产生看似领土保护的吠叫行为，这是社会化不足的原因，请对它进行再度社会化。

45 节育前都很正常，为什么节育后发生180度大转变，变得会乱叫、怕陌生人、怕狗？

节育，只是一个小手术。您没说您的狗狗多大年纪去节育的，狗狗是公的还是母的，也没说手术后有没有住院，伤口有没有包扎，有没有使用止痛药，用的是哪一类的止痛药。就这样直接地询问行为问题，其实真的是很草率。

我理解多数的主人不懂那么多，所以就直接问了。我会这样拿来说，就是想让您明白，每一个问题都很重要。因为判定行为问题不可以草率，判定错误并且给错建议，那是害了一条狗、不是帮了一个人。

节育手术，以公狗来说，是属于皮肤伤口，以及悬韧带的伤口疼痛，如果将疼痛的程度分成十级，充其量也不过五级疼痛，而且一天后就不到三级了。但是母狗就不一样了，母狗的手术后疼痛起码达到七八级，要降到三级起码需要三五天的时间。当您的狗狗送去医院节育，如果没有帮狗狗做好疼痛控制，狗狗经历了1~5天的痛苦经验，您觉得它还跟以前一样吗？它又不傻！

再者，您带去哪里做的节育？医生护理人员又是如何对待？用的是什么样的麻醉？狗狗真的被麻醉到无知觉，还是带有知觉？当狗狗快要清醒的时候，它是被五花大绑，还是有人温柔地对待着？医院里只有它一只狗，还是当时有很多狗狗在吠叫？它的感受最差的时候，周边的很多事件都被关联进去了。您想过这些吗？没有，因为人总是看到自己而看不到别人。

单单这些，就足以让一只狗狗从节育后性情转变。比如说在医院被五花大绑开刀，疼痛无法喊出来，挣扎逃不了，手术后又痛了几天。它的生命原本美好，但是经历了这个以后，它会更害怕某些人类或是某些地方。经历过一个不良好的手术经验，您所说的"个性发生

180度转变，会乱叫、怕陌生人、怕狗"就不足为奇了。

应对秘诀

节育手术本来是小手术，即使母狗的节育，在正规的医院来看也不是大手术。问题是，您该如何面对这一切？

疼痛的控制要在疼痛发生之前就开始，那样的效果才会是最好的。现在的医疗水平很高，您可以挑选一家值得信赖的医院，使用更好的麻醉，在麻醉苏醒的时候不会有不舒服的感觉，您可以给它更好的疼痛控制，来避免因为疼痛而产生的心理障碍。在我们医院都会给狗狗起码3天的疼痛控制，这包含CRI（匀速输液），持续性通过点滴给予吗啡、麻药混合的疼痛控制。在麻醉苏醒时绝对不将狗狗五花大绑，给它一个安静的环境，无论抽血或是保定，都使用低紧迫的处理及采血。

对狗狗来说，麻醉手术醒来以及在医院的3天，完全没有疼痛，照顾它的护理人员也只会给它美好的感觉，这样的手术以及住院，主人看到了基本上都会怀疑它真的开刀了吗？因为看不出动物有任何的不适，狗狗下次来到医院，还是会开心地跑进来、跑上诊疗台。

节育手术并不会让狗狗的性情发生180度大转变，只有很不愉快的经验才会。

46 为什么幼犬容易尖叫、模仿大狗的行为？

　　并不是因为幼犬容易尖叫以及模仿大狗的行为，而是当一个主人养了两只狗狗，主人如果没有适当地分别和每一只狗狗建立良好的关系，没有成为狗狗心中最好的伙伴，那么两只狗狗之间就会自己建立朋友关系。无论两只狗狗之间是和谐的还是争斗的，最终的结果就是狗狗之间产生更紧密的关系，而和主人之间的关系更冷淡。往往在主人要求某一件事的时候，老狗反而会当起翻译者的角色，最重要的是，它会错误翻译，让小狗无须理会主人。

　　有些人觉得两只狗狗这样的生活没有什么不好。但是若小狗的社会行为不够完整，也就是俗称社会化不足，再加上它不再以主人的行为作为参考，纯粹以大狗的行为作为参考，当有陌生的人或事物接近的时候，大狗开始有目的地驱离吠叫，小狗却会因此紧张惊慌而产生高频率的尖叫。

　　如果您和幼犬的关系还算良好，当它尖叫的时候您去安抚它，或是去抱它，或是去责骂它，都不会让尖叫减少，反而导致它越来越爱尖叫。

应对秘诀

　　狗狗这辈子需要学习的语言是人类的语言，毕竟它需要融入人类的社会之中。您可以因为想养而养两只以上的狗，但是千万不要多养一只小狗来陪伴老狗。

　　任何一只狗狗进入您的家里，您必须单独和它建立关系，让它以您的行为作为参考标准。它并不会主动地学习模仿大狗，除非您和小狗之间的关系不够紧密。

　　通过游戏最容易和狗狗建立紧密关系，在这整本书里面谈及的人狗关系，那不只是一个良好的朋友关系，而是一个无形的信任关系，也是狗狗会把人类放在最重要位置的紧密关系。

　　当狗狗完全把您当成它最好的朋友时，这层关系才真正地被建立好。有了良好的关系，幼犬就不会随意地尖叫，更不会模仿大狗的行为了。

　　最后，当狗狗尖叫的时候，请离开现场，不要和它有任何互动，让它学习尖叫也得不到任何它想要的东西！

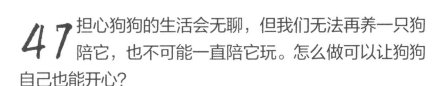

47 担心狗狗的生活会无聊，但我们无法再养一只狗陪它，也不可能一直陪它玩。怎么做可以让狗狗自己也能开心？

状况详述：它除了做它有兴趣的事（吃零食、出门、和我们玩）之外，其他时间若不是很想睡，就是一副很闷的样子，但我们现在无法再养一只狗陪它，我们也不可能一直陪它玩。请问有什么方法能让狗狗自己也可以开心？

狗狗和您一起生活的十多年间，您准备给它什么？您期望它活多久？这些在养狗之初就应该先想好。

狗狗如果没有人类的陪伴，它的生活就是狩猎、游走、吃饭、睡觉、上厕所，说穿了就是过着生存、繁衍后代的生活。

当人类饲养了它们，它们的生命被赋予了意义。我常说狗狗是上天给人类最好的礼物，它们先天就会顺从人类。当您和它们产生了良好的人狗关系，它就会像您的小孩一般，凡事都是以您的行为作为参考的依据，因为没有一个动物可以像狗狗那样爱您，完全无私地付出全部来爱您。

也正是因为狗狗的这种特质，它会表现出开心的点，除了基本的需要如饥饿以外，都是和您有关。所以它喜欢吃零食，除了因为好吃，同时也是您在开心的时候会给它的；它会喜欢外出，因为它可以看看外面，更重要的是您陪着它一起。它更喜欢跟您玩耍，因为通过玩耍，狗狗更确认您也爱它。除了这些，狗狗的确没有什么兴趣，因为那些和您无关。

狗狗：Frankie（弗兰基）
主人：Shannon Lee（李香农）

应对秘诀

如何丰富狗狗的生活，是很多人一直在思考的问题。

如果要让狗狗不无聊，可以把家里布置成丛林，并不是真的要把植物、河流引入家里，而是把丛林的概念导入家中，让狗狗有更多的探索。

狗狗并不需要另外一只狗狗来陪它，那不但没有办法让它快乐，还会给它带来担忧。

如果您发现自己没有足够的时间陪狗，那么请您在有限的时间耗光它的精力。PME（心智体能训练）是很好的游戏模式，可以在20分钟之内耗尽它的精力，抵过您两三小时陪它的运动。

此外，让狗狗帮您做事是最好的选择，因为这是双赢的生活训练，可以教狗狗开冰箱、拿啤酒、丢垃圾、拿报纸、脱袜子、拿拖鞋，也可以教导狗狗运用嗅觉帮您找手机、钥匙等。这些事情对狗狗来说就是乐趣，乐趣的背后其实就是因为您。如此一来，它的生活就不会只是一成不变的无聊，它会不断地跑来看着您，仿佛告诉您："然后呢？接下来呢？"这样的工作欲望会让它的生活非常快乐，而且非常丰富。

　　千万不要以为训练狗狗做这些是很残忍的，每一个训练都是让狗狗自愿完成的，同时给它想要的奖励，就好比您帮老板拿订书机就可以得到 1000 元，您会觉得帮忙拿订书机很残忍吗？训练只不过是一个代名词，我们只是通过方法找到主人和狗狗都爱的游戏而已，重点是双方都快乐。

48 狗狗只要开心，或是看见其他动物、害怕、逃避时，都会跳很高，出现要主人抱的行为。如何不让它们一直跳呢？

狗狗的每一分每一秒都在选择，开心了想要您抱，结果是"您抱它了"。害怕、逃避的时候，它选择让您抱，结果还是"您抱它了"。怎样让您快一点抱起来？就是跳，跳得愈高愈可以引起您的注意，而您就像个乖乖的孩子，听话地把狗狗抱起来了。这不是一个很完美的结果吗？

狗狗这一生最大的学习来自"尝试错误学习"，而这是它找出来的最好最快的方式，能够让您把它抱起来。

先理解狗狗为什么需要您抱。其实狗狗并不需要，它这一辈子都是靠自己而不是靠您，也许您眼中看到的是您在保护狗狗，但是狗狗的心里只有自己保护自己。

在您的怀里，您会给它很大的关注，您会抚摸它，对狗狗来说那就是正确的。当它第一次遇到了危险，您为了安慰它而把它抱起来，对狗狗来说并不是得到了安慰，而是那个事件真的很可怕，连主人您的态度都变了，您和狗狗一起害怕，互相依偎地害怕着。以后同样的状况出现的时候，它会比上次还要害怕，它会想办法跟着您一起依偎着，因为那件事真的很可怕，这样的模式导致狗狗无法独立自主。

并不是因为狗狗需要到您的身上得到安慰，而是狗狗在您的身上时可以和您一起害怕，同时您还不断地间接鼓励了它的害怕情绪。

应对秘诀

让狗狗社会化良好一些，社会化良好了就不会害怕了，自然没有这样的问题。当狗狗跳起来要您抱的时候，您转身不要看它、不要

理它。当它的尝试无效，那行为自然会慢慢地减弱。但是我相信您还是想要抱它，而且完全地忽略狗狗很容易引发其他的行为问题，如吠叫。所以最好的方法是教导狗狗在希望您抱的时候，做出一个动作来让您知道，您看到以后就把它抱起来。

如果您不会训练，那么起码您要这样做，用您的眼角余光注意狗狗，只要它一跳起来，您就转身背对着它，千万不要看它，也不要跟它说话，不要有一些小动作小声音，您只可以当一棵树。当您看到狗狗的四脚都在地上的时候，弯下腰去抱它，它会立即又跳起来，您马上站直不看它，转身背对着它，就用这样的模式反复操作，几分钟之内，您的狗狗就会发现要主人抱的方法，就是安静地站着或是坐着。

49 该如何矫正狗狗在外会向陌生人乞食的状况？
（住在观光地区，游客很多，狗从出生即为家狗而非流浪狗）

矛盾的问题和矛盾的思维常常是人类最会做的。

要狗狗对人和善，就需要接触大量的人。因为观光区的人多，狗狗虽然不是流浪狗而是家犬，但是主人会这样问就已经代表狗狗是放养。也因为放养，狗狗对于人群一点也不害怕，一点也不陌生，这是好事。但是，当一只狗狗没有被管理的时候，任由它在观光景点游走，任由游客接触，而主人您也管控不了游客手中的食物会不会落入狗狗的口中，对于狗狗来说，这些游客不就是衣食父母吗？每天只要对着这些游客摆出可怜的表情，流着口水，甚至对某一些爱狗的游客什么都不用做，只要盯着他手上的食物，这食物自然而然就落入了狗狗的嘴里。

万一狗狗正在吃的时候您冲出来制止，就会让狗狗产生侥幸心理，反而更会去乞讨，同时也会因为您的制止，产生加强的效果，所以乞食行为永远也没有办法解决。

对于养狗这件事，每个人都持有己见，比如说有人认为不要牵绳，要给狗狗自由；有人认为可以给狗狗吃剩菜剩饭；有人在狗狗生病时不闻不问；有人坚持打狗；有人遛狗不捡大便；有人坚持狗狗要和别的狗狗玩在一起……有这么多的想法不足为奇，毕竟一种米养百样人，但是养狗这件事，牵涉到整个社会秩序，而爱狗的人又希望自己的狗狗能够被尊重或是被社会接受，甚至更进一步地，希望狗狗可以拥有和人类一样的权益，上公车、去餐厅……如果您也希望狗狗有好的日子，那么以下几点就变成您养狗的"必须"。

外出遛狗一定要牵绳子：不要以为自己的狗乖，社会上有很多人怕狗。相信我，您没有那么懂狗，当狗狗看到别的狗或是小动物时，万一打架或是咬了对方，事后道歉无济于事。

在外面大便一定要捡粪便：留给没有养狗的人一个舒服的环境，其实我们养狗的人也希望有舒服的环境，所以一定要捡粪便。

不随便交不认识的狗狗做朋友：不要以为交朋友是让狗狗快乐，其实背后的意义是狗狗之间的竞争。即便您要让狗狗交朋友，也要慎选朋友，因为有些曾经被伤害的狗狗，或是没有被教导良好的狗狗，会在游戏互动中攻击您的狗狗，或是您的狗狗会攻击其他的狗狗。

如果进了餐厅用餐，请不要把狗狗放在桌上：即使您的狗再干净，对于要吃饭的人来说，那就是不舒服。不要引起别人的不悦，这是和谐社会最基本的互相尊重。

一定要带狗狗上课教导礼仪：不要自我认为您多会教狗，找个专业合格认证的训练师上课，学习正确的对待方式。养狗不是只要它可以坐下握手，而是要它不要干扰别人，不要乱吠叫，不要吵到邻居，对人类友善。而这些必须通过教育达成，就像您自己也是受了教育才有今天，您的狗狗也需要。什么名牌都可以省，什么昂贵的食物都可以省，唯一不可以省的就是教育费。

在家绝对不散养狗狗：散养的概念不是让它自由，而是给了您自己自由。散养不但无法管控狗狗，您觉得您的狗狗很可爱很乖、与人类亲近，但是您并没有考虑到可能有人觉得您的狗狗没洗澡不干净，有人担心您的狗狗会咬到小孩，有人就是怕狗。散养狗狗是对社会不负责的表现，请一定要管控好自己的狗狗。

应对秘诀

要改变这件事只有一个方法，就是管理。

不要让狗狗自由地去找人乞食，任何接触狗狗的人，都要先询问您可不可以喂您的狗狗吃东西，否则它在外面乞讨的时候，万一游客不懂而给了您的狗狗洋葱、巧克力、葡萄，害死了狗狗算谁的错？

另外一个方法，就是让每一个给狗狗食物的游客，在食物中放进引起狗狗呕吐的药物，只要狗狗每次乞讨吃了就吐，它以后会自己发现而不再乞讨，这和我们在第20题谈及的运用反制约法戒酒的概念是一样的，但是必须每一个游客都能配合。

50 家里的两只狗发生冲突，应该如何处理？

　　狗和狗之间的攻击行为，产生的原因非常多，比如，经历很多主人的狗狗，对人或是狗狗的社会化不足，狗狗和主人之间的沟通失败，以及主人怕原本养的狗无聊而买另外一只狗来陪它。

　　从攻击的种类来分类，攻击行为大致可以分为以下几类：害怕的、领土的、保护的、掠夺的和牵绳挫折的。

　　如果我们仔细去看狗狗的心理状态，不外乎两个：害怕或是挫折。

　　引起它们害怕的因素包括：

　　①社会化不足：所以看到狗狗会害怕，不知道如何互动。

　　②不良的经验：曾经被狗狗咬过，这种经验会让狗狗一看到别的狗狗，就会联想到以前被咬的不良经历。这也很经常发生在狗聚的时候，主人并不懂得狗聚的真实意义及方法，总以为让它们玩在一起交朋友是对的，实际上整个大错。

　　③和地点相关：有很多狗狗会产生害怕，并不是因为另一只狗的存在，而是它所在的地方。有很多地方对狗狗来说，可能有不好的感觉或是经历，或是那里的声音等因素，让狗狗产生了害怕，这时候在附近如果有别的狗，就很可能因为地点的关系而产生了攻击。

　　④和特定品种相关：狗狗有时候会针对特定的品种产生攻击行为，原因有些不明。有很多和它的幼年经历、印记学习，繁殖场的经历有关，以及社会化过程中，主人是否疏忽了某些环节，而导致它对一些特定的品种反感或是害怕。

　　⑤对所有的狗狗都害怕：因为任何原因，反复经历不良的事件，和不同的狗狗冲突太多，让狗狗概括到所有的狗狗，导致它只要看到狗狗就会害怕。

　　⑥学习行为：害怕是可以学习的，有很多时候本来只是一点点的害怕，因为主人在旁边的制止、处罚、怒骂，或是安抚，都导致狗狗误解而被加强了害怕的行为，最后产生了学习后的行为。

　　引起挫折的原因有：
　　①狗狗间粗鲁的游戏：无法控制的游戏我简称之为粗鲁的游戏，这种游戏很容易引发两只狗狗任何一方的冲撞，并产生挫折感而引发攻击。
　　②和主人间的关系不良：狗狗和主人之间原本会因为爱而建立强而有力的关系，但有些主人不懂得如何和狗狗相处，或是说他根本就不打算和狗狗有深厚的情感，只是把它当成畜生饲养，这些不良的关系会让狗狗产生挫折而引起狗和狗之间的攻击行为。
　　③品种：有几个品种的狗狗特别容易产生狗和狗之间的攻击行为，如比特犬、斗牛犬等。
　　④ 游戏引发的攻击：很多人都不知道狗狗之间的游戏，是为了未来在野外的狩猎做准备。毕竟人类所给予的生活环境，并不能满足狗狗很多方面的需求，导致每次狗狗玩在一起的时候，它们会让主人觉得狗狗玩在一起很开心，但是这种游戏，常常容易失控，产生挫折，

更重要的是游戏不但无助于狗狗良好的社交,反而成为两只狗锻炼打架技巧的最佳练习。

两只狗狗发生冲突并不是那么单纯的行为问题,因为这里面牵涉的因素太多,所以必须很仔细地说明。

通常引起两只狗狗的事端,常发生在一个家庭之中,主人为了让第一只狗狗有伴,进而养了第二只狗狗来陪伴它,同一品种是最常见的。这两只狗狗因为在同一个家庭之中分享一样的资源,很容易产生问题。多了一只狗狗以后,两只狗狗开始做朋友,导致它们和主人之间的沟通产生不良,也逐渐降低它们对人类的信赖度。再加上每天在一起又可以练习打架的技巧,所以随着时间的推移,慢慢地发展成狗和狗之间的攻击行为了。

当这两只狗狗之间面对害怕或是挫折等因素的时候,它可以决定"打架"或是"逃跑",但是在同一个环境之中,它们不容易选择逃跑,再加上有时候主人扮演着"观众"的角色,在旁边添油加醋,我所谓的添油加醋并非在旁边称赞狗狗打架,或是鼓励它们打架,但是主人冲出来劝架或是责骂任何一只狗狗,都会变成添油加醋的结果,反而导致更严重的攻击行为。

由于缺乏逃跑的空间,使得狗狗在这样有限的环境中,一次比一次容易害怕或是受挫,最后它们只好不得不选择打架来收场。

主人所想到的以及认知的,往往和狗狗实际的心理相反,这也就是主人老是无法解决问题的重要原因。

🔖 应对秘诀 🔖

面对两只狗狗的攻击行为,我们要依严重程度来决定处理的方法。

如果是严重的，必须让这两只狗狗相互隔绝不见面，起码一个半月。

这一个半月的时间，是让狗狗重新建立人和狗的良好关系。即通过游戏模式，让主人和狗狗之间有着良好的默契以及彼此都享受的游戏。同时在这一个半月的时间里训练狗狗，训练必须着重于"控制"狗狗的情绪。狗狗必须学会"坐下等待所有它想要的一切"（Sit For Everything）以及立马的唤回，然后才能再度将两只狗狗放在一起生活。

两只狗狗都要同时进行上述的训练和隔离。这种隔离就像电脑的重置按钮一般，然后让它们重新开始。

等到要将两只狗狗放入同一个生活环境的时候，我们就要思考接下来的处理方法了。

同样的，我们可以选择管理的方法，让两只狗狗永远没有机会打架，或是给两只狗狗都戴上口罩，或是将它们限制在不同的空间里。这是属于管理的方式。另外，您也可以选择"矫正"的方法。

首先，两只狗狗都运用 PME 的方法，让两只狗狗都疲劳，疲劳会降低打架的欲望，并且在两只狗狗万一真的要打架的时候，在前驱时期，您立马摔门离家，仿佛要弃养两只狗狗一样（请见"开始阅读本书之前"中的"时间点"解说），如果您的时间点不准确，有可能会导致矫正无效，所以最好寻求专业认证过的训练师来协助您。

与其在那里区别谁是老大，您不如思考如何让两只狗狗都能够学会控制情绪。

行为问题都可以解决，只是看养狗的您愿不愿意配合，这包含了为了矫正而需要花的时间和金钱，以及达成结果所需的时间长短。

如果无法配合，就请您运用管理的方法。没有既要马儿跑又要马儿不吃草的好事，矫正或是管理或是接受问题，您只能三选一。